阻变存储器中离子扩散动力学研究

武兴会 著

黄河水利出版社
·郑州·

内 容 提 要

本书围绕阻变存储器中的氧离子扩散动力学展开研究，以阻变存储器常用介质层 Ta_2O_5 为主要研究对象，采用密度泛函理论的第一性原理计算与实验研制相结合的方法，研究氧原子扩散势垒对氧空位导电通道的调控机制，分别用理论计算和实验探索 Ta_2O_5 中子半径、离子电负性、氧空位之间相互作用对原子扩散势垒的调控规律。基于此规律，实验制备相应阻变存储器器件，研究调控手段影响下的器件操作电压、阻态稳定性参数，获取掺杂离子半径、离子电负性、氧空位之间相互作用—扩散势垒—操作电压、阻态稳定性之间的关系，进一步得到原子扩散势垒—导电通道的关系，明确扩散势垒对器件导电通道调控机制。

本书可供微电子专业、集成电路专业本科生、研究生，以及从事半导体存储器设计的人员和大专院校相关专业教师参考使用。

图书在版编目(CIP)数据

阻变存储器中离子扩散动力学研究/武兴会著.—郑州:黄河水利出版社,2021.11
ISBN 978-7-5509-3162-6

Ⅰ.①阻… Ⅱ.①武… Ⅲ.①存贮器-原子扩散-动力学-研究 Ⅳ.①TP333

中国版本图书馆 CIP 数据核字(2021)第 240883 号

组稿编辑:田丽萍　电话:0371-66025553　E-mail:912810592@qq.com

出 版 社:黄河水利出版社　网址:www.yrcp.com
地址:河南省郑州市顺河路黄委会综合楼 14 层　邮政编码:450003
发行单位:黄河水利出版社
发行部电话:0371-66026940、66020550、66028024、66022620(传真)
E-mail:hhslcbs@126.com
承印单位:河南新华印刷集团有限公司
开本:850 mm×1 168 mm　1/32
印张:3.625
字数:122 千字
版次:2021 年 11 月第 1 版　印次:2021 年 11 月第 1 次印刷

定价:48.00 元

前 言

目前,基于忆阻器的类脑神经模拟研究还处于初始阶段,研究人员将忆阻器作为电子突触器件并实现突触可塑性这一人脑认知的关键功能,取得了一系列开创性进展。但不可否认,仍然存在不少亟待解决的问题,其中关于器件性能的表现有:操作电压过大,器件功耗过高,功能不稳定。例如,多数有机 RRAM(阻变存储器)的操作电压会高达 10 V,即使目前性能优良的金属氧化物器件的操作电压大部分也在 0.5~5 V,而生物神经元对信息处理的电位只有几十毫伏。考虑到大脑具有数量巨大的神经元(10^{11} 个神经元和 10^{15} 个突触),若不解决 RRAM 器件工作电压过大的内在机制问题,这将非常不利于类脑神经元模拟和大规模类脑神经网络的应用。

原子扩散势垒对导电细丝通道的形成、保持、收缩至关重要,但扩散势垒对导电通道状态的调控机制尚不清楚。虽然掺杂剂、氧浓度调控可以改变导电通道状态和改善器件的可靠性,但这些手段调控下的原子扩散势垒的变化规律并不清楚,尤其是这些条件调控下的原子扩散势垒也无规律可供参考。本书采用密度泛函理论的第一性原理计算与实验研制相结合的方法,研究氧原子扩散势垒对氧空位导电通道的调控机制。分别用理论计算和飞行时间的二次离子质谱获取 Ta_2O_5 中子半径、离子电负性、氧空位之间相互作用对原子扩散势垒的调控规律。基于此规律,实验制备相应 RRAM 器件,研究调控手段影响下的器件操作电压、阻态稳定性参数,获取掺杂离子半径、离子电负性、氧空位之间相互作用—扩散势垒—操作电压、阻态稳定性之间的关系,进一步得到原子扩散势垒—导电通道的关系,明确扩散势垒对器件导电通道调控机制。

在第1章中，对阻变存储器中的电阻开关机制进行了分析对比，重点综述了离子扩散动力学研究进展，并对目前原子扩散势垒对器件导电通道机制研究进行了分析归纳。

在第2章中，对室温下制作的W/ITO(氧化铟锡)/Au电阻随机存取存储器进行了研究，该存储器表现出不对称双极电阻开关(BRS)行为。该设备显示良好的写入、擦除耐久性和数据保留特性。在控制顺应电流后，该器件显示出互补电阻开关(CRS)特性。在形成过程中，在W/ITO处形成WO_x层。ITO内的可移动氧离子向电极/ITO界面迁移，并产生类似半导体的层，该层充当自由载流子屏障。这里的CRS特性可以根据电极/ITO界面上不对称自由载流子阻挡层的演变来阐明。

在第3章中，讨论了λ-Ta_2O_5晶体中氧空位缺陷的形成能和扩散特性。计算得到的中性氧空位缺陷形成能与前人的研究一致，并对考虑周期修正的带电氧缺陷进行了研究。计算表明+2价荷电氧空位缺陷的形成能为0.83~1.16 eV。由氧空位缺陷形成能和扩散势垒组成的扩散活化能与实验测得的扩散活化能吻合较好。扩散势垒与扩散距离呈线性关系。

在第4章中，阐述了氧空位的形成能和氧离子的扩散势垒对电阻式随机存储器工作电压的影响。本研究采用第一性原理方法，分别采用n型掺杂剂和p型掺杂剂对正交λ-Ta_2O_5中氧空位的形成能和氧离子的扩散势垒进行了比较研究。能带展开计算结果表明，掺杂W和Al后，禁带中分别形成施主能级和受主能级，掺杂Al后，随着掺杂Al浓度的增加，氧空位的形成能先显著降低，然后缓慢降低，同时氧离子的扩散势垒先增大后进一步增大。相反，掺杂W后，氧空位的形成能仅增加0.2 eV，扩散势垒随掺杂W浓度的增加，先增大后减小，氧离子扩散势垒分别在0.3~1.6 eV和0.12~1.23 eV范围内变化。

在第5章中，展示了电场组装方法成功构筑的Au-ZnO-Au结构单根ZnO纳米线电阻开关随机存储器，发现构筑的纳米线器件具有很好的电阻开关性质，具有10^6的开关比，设置时间小于20 ns，保持时间大于10^4 s等特点。研究发现单根ZnO纳米线电阻开关随机存储器输运性质和读写特性受ZnO/Au界面氧空位浓度调控的肖特基势垒影响。这对人们进一步加深理解基于单根氧化物半导体电阻开关随机存储工作原理及构造更小尺寸的元件提供了帮助。

由于作者水平有限，书中难免存在不足和不妥之处，非常真诚地欢迎各位读者提出宝贵建议和意见。

作者

2021年9月

目　录

第1章　绪　论

1.1　引　言

集成电路是信息产业的基础、国防与信息安全的核心、知识产权的有效载体,在国家经济、政治中具有至关重要的战略地位和不可替代的核心关键作用。在产业发展方面,集成电路技术及其产业的发展,可以推动消费类电子工业、计算机工业、通信工业以及相关产业的发展,对于提升整体工业水平和推动国民经济与社会信息化发展意义重大。《国家中长期科学和技术发展规划纲要(2006—2020)》明确指出要把"突破制约信息产业发展的核心技术,掌握集成电路及关键元器件等核心技术"作为发展思路。对大量信息的高效安全的存储和获取成为信息系统最重要的功能之一,大规模非易失存储器集成电路是支撑我国网络通信、高性能计算和数字应用、消费电子等电子信息产业发展的核心技术,是制约我国微电子产业全面平衡发展的关键瓶颈之一。项目内容将纳入《信息技术领域"十二五"战略研究报告》中规划的"十二五"微电子支撑技术的重点战略目标和战略任务,是实现大容量、高读写速度、低工作电压和高可靠性的大规模新型非易失存储器的核心关键技术。

半导体存储器在微电子学研究中是一重要分支领域。半导体存储器起着对信息进行存储与处理的功能,它广泛地应用于各种微电子设备中,发挥着重大的作用。存储器在集成电路中的地位越来越高,近年来,存储器占整个集成电路芯片面积的百分比已经在急速上升。根据美国半导体行业协会编著的《国际半导体技术路线图》(International Technology Roadmap for semiconductor),1999年逻辑电路占据近三分之二的芯片空间,而存储器仅占五分之一的芯片空间;但在2002年,逻辑电路所占芯片空间比例降低一半，而存储器占整个集成电路芯片面积猛增到52%；到2005年，逻辑电路只占芯片空间的16%，而存储器占芯片空间的71%。这是一个戏剧性的转折，并且意义重大。

在存储器产业中，不挥发性存储器是目前占统治地位的一类存储器，它以低功耗、小体积、高密度、可重复擦写等引人瞩目的特性创造了现在的“移动时代”，其产值已经逼近于动态随机存取存储器(DRAM)。目前我们将研究目标集中于可应用于32 nm节点以上的电荷俘获存储器(CTM)和32 nm节点以下的新一代非挥发性存储器。

对于32 nm节点以上的非挥发性存储器，电荷俘获存储器(CTM)是研究最多的一种。它由于最先可以替代传统的连续存储介质的浮栅存储器，而受到广泛关注。它具有分立的存储介质、较薄有隧穿氧化层、良好的数据保持特性，以及完全与微电子工艺兼容，因而成为32 nm节点以上存储器的研究热点。

而对于可应用于32 nm节点及以下的下一代存储器，须从存储材料、存储原理等方面进行革命性的变革，方可胜任。阻变存储器(RRAM)作为下一代存储器的有力候选者之一，因而成为目前新型存储器器件的一个重要研究方向。这主要是由于已经报道的一些材料在性能上所具有的突出优点：作为工作内存，其速度可与静态随机存取存储器(SRAM)匹敌；作为存储内存，能够实现与NAND型闪存相抗衡的成本；与脉冲编码调制(PCM)类似，具有极强的工艺技术可拓展性和兼容性；非常适合嵌入式应用。

对于RRAM，目前在国际上已经有多家研究机构和公司投入力量开展研究，足以说明其重要性，但是目前研究的重点仍然集中于材料的层面上。另外对于电阻转变的机制也有相当一部分研究，然而并没有达成统一的观点。

虽然目前已经有上述一系列的材料被发现具有电阻转换的特性，但还有一系列关键问题没有解决：首先是性能的稳定性，其中可擦写次数普遍有待提高，机制不明确也是限制有针对性地提高性能的原因。尽管从电阻上看能明显区分两种状态的材料是非常多的，但存储性能是针对具体应用的多项指标的集合，包括数据保持时间和可擦写次数，再加上制造和成本上的要求,限制就更大了。因此,在众多材料中寻找性能、制造性、拓展性都满足要求的材料,仍是 RRAM 发展的关键。在此领域,主要研究内容如下:

(1)材料研究。

理论研究:从理论上研究金属纳米晶材料和电阻转变材料的电荷存储机制,研究新材料的选择、存储材料的设计与剪裁(包括掺杂改性、界面特性改善、存储材料与电极的相互影响控制),通过模拟研究高 K 材料提升存储性能的机制,研究各种材料特征对电阻转变特性的影响。

材料制备:采用原子层淀积(ALD)、溅射、蒸发等多种方法制备金属和半导体纳米晶体、高 K 介质和具有电阻可变特性的二元金属氧化物材料;研究实现超细、分布均匀的纳米晶体的方法;研究制备工艺对纳米晶、高 K 材料和氧化物材料的组分、结构、尺寸、分布等材料特性的影响。

材料分析:采用 XRD、XPS、AFM、HRSEM、HRTEM 等手段检测纳米晶体、高 K 介质、金属氧化物材料的形貌、成分、结构等物性;通过 C-V 测试,研究不同密度、直径的纳米晶体的电荷俘获能力的差异;通过 I-V 测试,研究不同器件尺寸、不同材料电阻转变特性的区别;研究工艺条件对材料生长和材料结构的影响以及材料特性和存储特性之间的关系。

(2)存储模型研究。

模型和模拟研究对器件的制作和测试分析具有十分重要的指导意义,在开展实验工作之前采用现有的模拟软件或自建模型等对器件参数和工艺参数进行模拟,为器件和电路制作提供理论依据和指导。

(3)存储结构和电路设计。

研究纳米晶体存储器和 RRAM 的存储单元结构、相应的阵列结构及其存储操作方法、电路结构和相应物理结构布局,研究结构参数与性能及可靠性的关系,研究用新的电路结构和操作模式来降低外围电路面积的新方法,研究从电路、存储操作模式方面弥补工艺波动性和可靠性的方法,研究器件的操作模式及在电路上的相应变化,研究提高存储密度的相应系统结构和阵列操作模式,研究电路功能模块的设计、仿真和验证。

(4)工艺研究、器件与电路加工。

研究细栅线条的加工工艺,研究纳米晶、高K介质和二元金属氧化物材料的刻蚀工艺、热稳定性等工艺条件,研究其工艺兼容性问题,分析纳米晶、高K介质和二元金属氧化物材料可能会带来的可靠性等方面的问题,为制作纳米存储器奠定工艺基础。在实验室实现纳米晶存储器和RRAM存储单元及小型存储阵列(包括基于Crossbar结构的无源两端电阻转变型存储器小型阵列)的制备;解决与8 in(1 in=2.54 cm)CMOS工艺对接中的兼容性问题,实现稳定的存储单元制备工艺流程,在此基础上利用上海宏力半导体制造公司等芯片代工厂的MPW(多项目晶体圆)实现8~16 Mb纳米晶存储器和RRAM电路的流片加工。

(5)存储测试技术研究。

建立存储单元和存储阵列电路的存储特性测试平台。用精密半导体特性测试仪结合脉冲源、开关矩阵、探针卡等测试和分析存储器的工作电压、P/E速度、耐受性、电荷保持特性等一系列重要的存储特性。

(6)理论分析。

结合材料的分析及器件和电路的模拟、加工、测试,对纳米晶存储器和阻变存储器中涉及的物理问题,如界面态、漏电问题、电阻转变机制、绝缘层中电荷传输机制、热稳定性和可靠性等进行详细深入的研究,为材料的选取和器件性能的进一步改善与提高提供理论指导。

1.2 阻变存储研究进展

寻求一种能够替代当前闪存技术对未来发展有重要意义的高密度存储单元是一个重要的研究课题。金属-氧化物-金属(M-O-M)三明治结构中的电阻开关,一般多称为ReRAM或者忆阻器,由于结构简单和存储性能优于现有的存储元件而很有可能成为下一代非易失存储器。同时基于忆阻器在非挥发性存储器,可重构的逻辑电路元件以及电路组中潜在的应用已被提出来,但是目前对电阻开关本身存储机制还不清楚,在一些问题上还存在重要的分歧,这在很大程度上阻碍了电阻开关存储的应用。目前研究电阻开关中的开关行为主要有双极开关行为、单极开关行为以及阈值开关行为,而具有电阻开关行为的材料分布从早期受人们广泛研究的三元金属氧化物体系到简单的过渡金属二元化合物体系,如 NiO、TiO_2、CuO、CoO_x 等,以及其他一些备受关注旨在揭示电阻开关存储机制的材料。为揭示电阻开关中物理机制,一些研究手段包括电原子力显微镜、X 射线光电子能谱、开尔文力显微镜、透射电子显微镜等被用来研究电阻开关行为,并且提出了不同的开关机制来解释电阻开关现象。

1.3　电阻开关机制分类

电阻开关现象在一系列过渡金属氧化物中被发现,但总体来说是观察到的电阻开关行为与所用材料有关。其中根据 $I-V$ 曲线的特征,把开关行为分为两种基本类型:单极型(无极型)和双极型。

(1)在单极型电阻开关中,开关的方向依赖于所加偏压的幅度而不是偏压的极性。比如一个开关元件初始时处于高阻态,通过施加一个电压 V_1 使其变成低阻态,这个过程称为形成过程(set process),形成过程之后,电阻元件处于低阻态,这时可以通过施加一个阈值电压 V_2 再从低阻态转变成高阻态,这个过程称为重置过程(rest process),V_1 称为形成电压,V_2 称为重置电压,$V_1>V_2$。电压扫描曲线如图 1-1(a)所示。

(2)双极型电阻开关是一种电阻开关方向依赖于所加偏压极性的存储元件,电流-电压曲线如图 1-1(b)所示。

目前提出的开关机制模型主要包括以下几种:

(1)导电丝模型。

导电丝模型(见图 1-2)是目前用来解释电阻开关机制比较流行的模型,但又大多用来解释 NiO 和 TiO_2 中观察到的开关现象。研究人员认为在强电场作用下使得材料体内部出现了导电通道,使得体系由高阻态转变成低阻态,其中导电丝模型多用来解释单极型开关行为。最

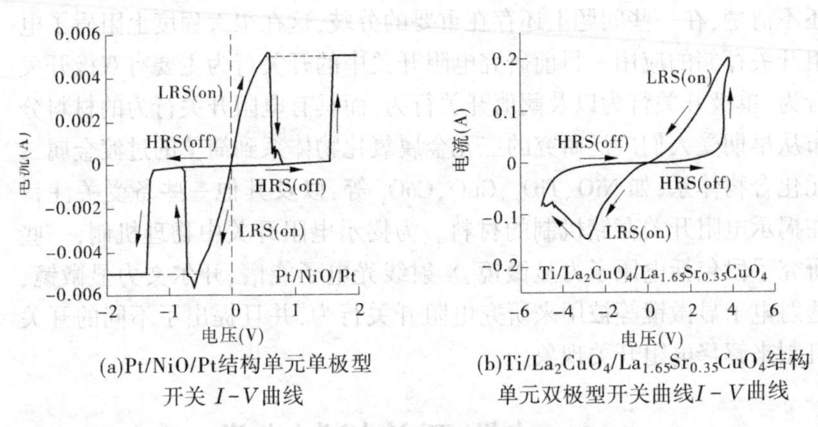

(a)Pt/NiO/Pt结构单元单极型开关 $I-V$ 曲线　(b)$Ti/La_2CuO_4/La_{1.65}Sr_{0.35}CuO_4$ 结构单元双极型开关曲线 $I-V$ 曲线

图 1-1　单极型和双极型电阻开关曲线

近 Nature Nanotechnology 报道 Miyoung Kim 等观察到 TiO_2 电阻开关中原子级导电丝的研究结果。

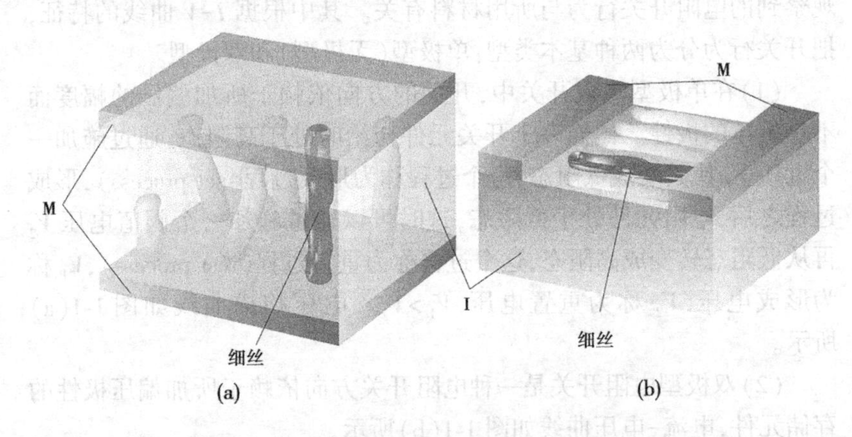

注:其中表示“细丝”的管状通道代表电阻转变过程中形成的导电丝。

图 1-2　导电丝模型示意图

(2)电荷注入和隧穿模型(畴隧穿模型)。

M. J. Rozenberg 等基于 Monte Carlo 数值模拟畴-畴之间、畴-电极之间的隧穿概率和每种区域畴的数量,提出了载流子转移的畴隧穿模型。该模型示意图如图 1-3 所示。

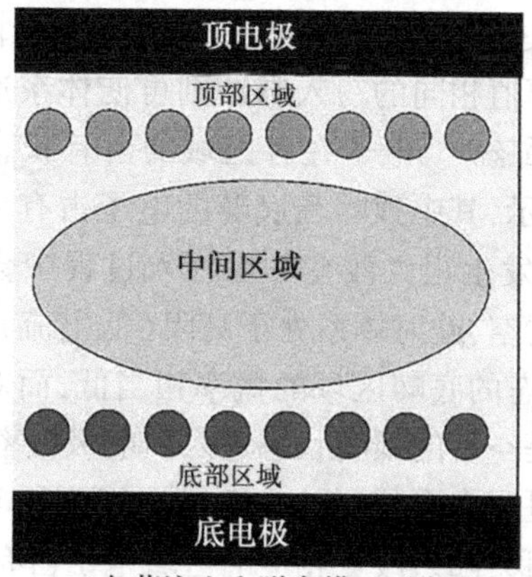

(a)电荷注入和隧穿模型示意图

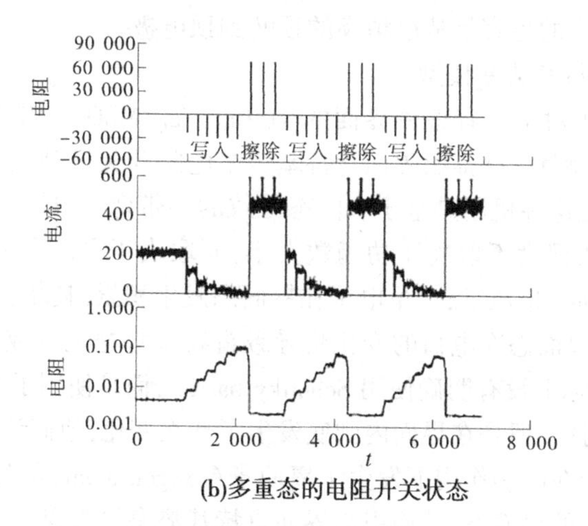

(b)多重态的电阻开关状态

图 1-3 电荷隧穿模型和多重态电阻开关状态

其中图 1-3(a)中底部区域和顶部区域与中间区域的区别仅仅是相应区域中的电子状态不同而已,并假设各畴之间的隧穿概率与外加电压呈指数关系。图 1-3(b)中上面两个纵轴为电流,最下面一个纵轴为电压,初始状态为一任意阻态值,但大小介于高阻态与低阻态之间。图 1-3(a)中写入过程相当于给一负向脉冲使体系由高阻态转变到低阻态,相应的擦除过程相当于给一正向脉冲使其由低阻态转变到高阻态。研究发现仅通过一个擦除脉冲电压即可使体系由高阻态转变到低阻态,而通过多个幅值相同的写入脉冲则可使体系达到不同的高电阻态(对应电阻值多重态)。电子在各区域的占有状态可以通过出电流(read current)来表示,其中顶畴和底畴的电子占有率会由于大量的载流子进出中间畴而发生很大改变。在写入过程中会使得底畴状态填满,而使顶畴状态清空,此时体系处于高阻(低电流)状态,因为载流子进入已经是填满状态的底畴区域的概率相当低,而对于顶畴的情况类似,载流子从已经是空着的顶畴状态进入顶电极概率也很低。

另外,在擦除过程中会使得从中间畴区域到顶畴和底畴再到中间畴大量的载流子转移,随之改变相应畴区域电子占有率,此时体系出现低阻(高电流)状态,因为此时载流子很容易由底电极转移到空着的底畴区域,相应的也容易从已填满的顶畴到顶电极。

(3)肖特基势垒模型。

Sawa 等对于具有整流界面的 $Ti/Pr_{0.7}Ca_{0.3}MnO_3$ 中电流电压曲线现象进行了解释,并提出界面肖特基势垒电阻开关机制模型(如图 1-4 所示):首先这种机制是基于表面态导致的能带弯曲,即金属半导体接触能带弯曲程度不取决于功函数大小,而取决于界面电荷分布情况。在反向(正向)偏压下,大量电子在界面态发生积累(耗尽)。

因此,界面态净电荷的变化将导致肖特基势垒宽度或者高度的改变(作者实际上没有明确使用 Schottky barrier,而是使用了 Schooty-like barrier 一词)。但是在界面内到底发生了什么变化,他们认为一种解释可能是由于在电场作用下发生了氧原子(oxygen atom)的迁移,出现了氧缺陷相关的界面态,从而引起界面肖特基势垒的改变。

(4)空间电荷限制电流传导(space charge limited current)模型。

空间电荷限制电流传导机制一般是对于高阻块体材料而言的,体内自由载流子浓度很低,其对应的 $I-V$ 曲线的一般特征表现为在线性区域之后会出现一段超线性区域,如图 1-5 所示。根据空间电荷限制电流(SCLC)理论,欧姆线性区域的出现是由于块体材料中产生的电流超过了由电极两端注入的载流子引起的电流大小。该欧姆区域的 $I-V$ 曲线特征可以表示为

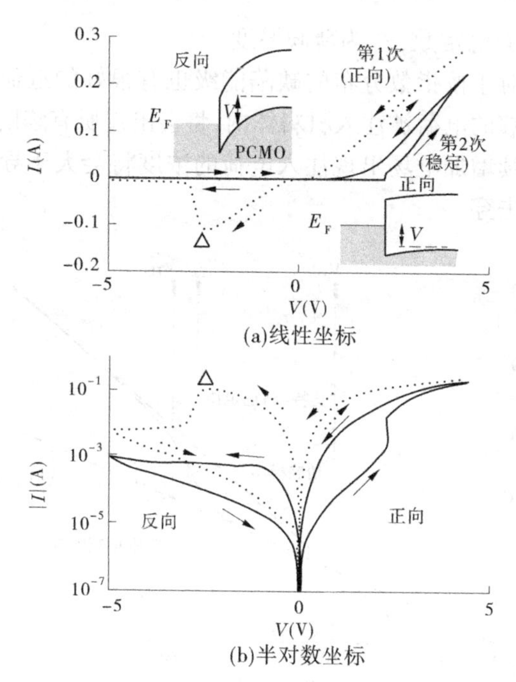

注:图(a)中的插图为整流的Ti/PCMO界面能带示意图。

图1-4 Ti/PCMO/SRO结构 $I-V$ 曲线在线性坐标和半对数坐标下的表示

$$I=\frac{qn\mu AV}{d} \tag{1-1}$$

式中:q 为单位电荷电量;d 为薄膜厚度;n 为材料载流子浓度;μ 为材料迁移率;A 为电极面积。

当电压超过阈值电压以后,根据SCLC理论,强的电荷注入会占主要地位,对于无缺陷的SCLC理论可以表示为

$$I=\frac{9A\mu\varepsilon_r\varepsilon_0}{8d_0}V^2 \tag{1-2}$$

对于单线态浅能级缺陷情况下,表达式(1-2)变为

$$I=\frac{9\theta A\mu\varepsilon_r\varepsilon_0}{8d_0}V^2 \tag{1-3}$$

式中:θ 为自由电子浓度和已填充陷阱浓度的比值;ε_r 为相对介电常

数;ε_0 为真空介电常数;d_0 为薄膜厚度。

式(1-3)对于按指数分布的缺陷能级也有很好的近似。在强电场下,当数量足够的电荷被注入材料体内,将会出现所有陷阱被注入电荷填满,如果继续增加电场出现注入电荷的浓度将会大于导带中载流子浓度,直到被击穿。

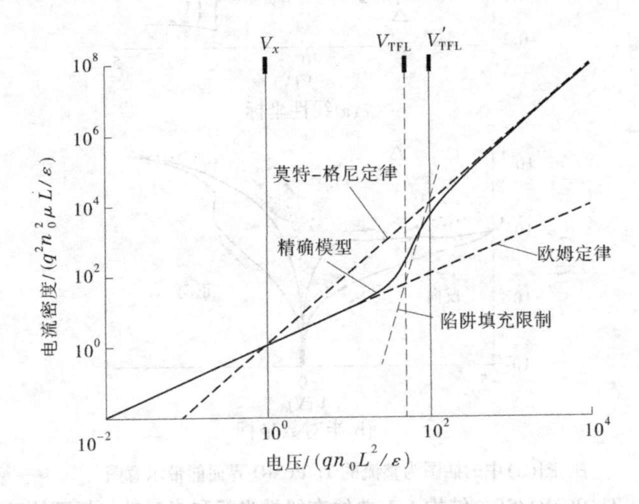

图 1-5　SCLC 理论 *I–V* 曲线关系

由于电阻随机存储器在非挥发性存储方面潜在的应用,因而受到研究人员的关注。目前文献报道最多的是基于薄膜的存储元件,对纯粹做成单根纳米线电阻开关存储元件的报道很少,对单根纳米线电阻开关器件的工作机制的报道就更少。本章通过电场组装的单根氧化锌纳米线,成功构筑金属–氧化物半导体–金属结构,通过分析电流电压的曲线特征,研究了所构筑器件输运过程和开关机制,这样可更进一步加深人们对单根纳米线电阻开关存储元件工作机制的认识。

1.4　离子扩散动力学研究进展

目前,研究人员已经探索了多种调控 RRAM 电压的方法。其中,引入掺杂剂和控制氧空位浓度是改善金属氧化物电子结构和 RRAM 性能的有效手段。

(1)掺杂改善器件电压参数、阻态稳定性的研究现状。

中国科学院微电子所刘明团队研究了具有自掺杂效应的 Pt/HfO_2:Cu/Cu 电阻开关器件,与 Cu/HfO_2/Pt 相比,自掺杂器件表现出非常好的稳定性、数据保持特性以及快速的读写开关速度。北京大学康晋锋团队运用第一性原理计算对金属离子(Al、Ti、La)掺杂 ZrO_2 的氧空位形成能研究表明,基于 Al:ZrO_2 RRAM 器件的阻态均一性,比未掺杂的器件有明显提高。清华大学刘力锋团队研究了 Ga 掺杂 HfO_2 的 RRAM 器件,结果表明 Ga 掺杂之后的器件,其操作电压明显降低,且电压均匀性和阻态均匀性也有明显改善。

美国马萨诸塞大学的夏强飞和 J. Joshua Yang 团队联合惠普实验室 R. Stanley 团队,共同完成了基于 Ag 掺杂的 SiO_2 忆阻器,实现了可用于创建具有随机泄漏积分-触发动力学和可调积分时间的人工神经元,实现了迄今为止最接近真实神经元功能的电子突触。

从以上研究可以看出,掺杂对实现电子突触和稳定器件工作状态有积极的作用。

基于 Ta_2O_5 的 RRAM 器件因具有诸多优越性质,而受到广泛研究。虽然同是氧化物介质材料,但截至目前,关于 Ta_2O_5 掺杂的工作依然有限,并且 Ta_2O_5 掺杂所引起的机制与其他金属氧化物不尽相同。

东北师范大学刘益春团队研究了 Ga 掺杂 RRAM 器件,由于 Ga 的掺入,器件的状态保持特性得到明显改善,但与 Ga 掺杂 HfO_2 不同的是,掺杂之后操作电压升高。申请者运用第一性原理计算对 Ga 掺杂 Ta_2O_5 之后的氧原子迁移势垒研究发现,Ga 掺杂之后氧原子(0 价氧空位)的迁移势垒,由掺杂前的 0.89 eV 增加到 1.04 eV。0 价氧空位的形成能由掺杂前的 0.81 eV 增加到 0.97 eV。氧原子迁移势垒和氧空位形成能均明显增加。说明 Ga 的掺入,减小了氧空位浓度,降低了导电丝通道形成的可能性,这与他们研究结果中观察到的器件操作电压随掺杂剂量同步增加是一致的。

图 1-6 是原子扩散势垒的示意图。图 1-6(a)、(b)分别为空位和

间隙的扩散机制示意图。在图 1-6(a)中,处于晶体点阵结点位置的 A 原子与近邻空位交换位置,而实现原子迁移。此时扩散所需能量为空位扩散激活能 E_a,E_a 等于空位形成能 E_V 与扩散势垒 E_b 之和,即 $E_a = E_V + E_b$。图 1-6(b)是间隙扩散机制示意图,该机制是间隙固溶体中,溶质原子从一个间隙位置迁移到另一个间隙位置。扩散激活能大小等于原子克服扩散势垒实现跃迁的能量,即 $E_a = E_b$。

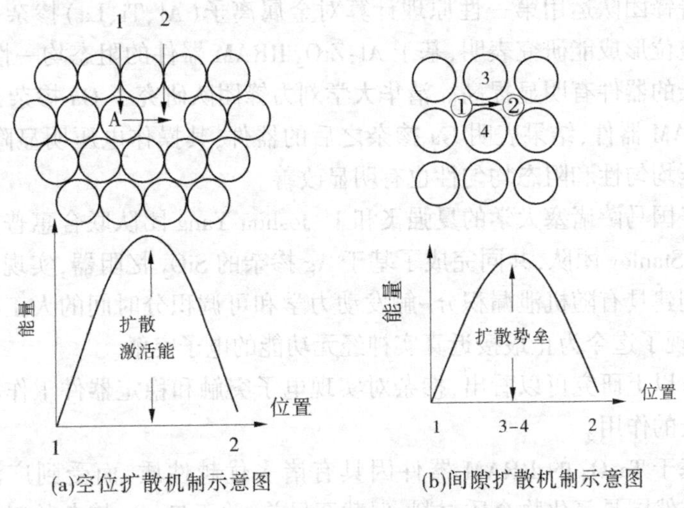

(a)空位扩散机制示意图 (b)间隙扩散机制示意图

图 1-6 原子扩散势垒的示意图

美国密歇根大学 Lu Wei D. 团队研究表明,将 Si 掺入阻变层材料 Ta_2O_5 之后,得到的 RRAM 表现出更稳定的电阻状态,认为 Si 的掺入改变了氧空位离子的跳跃距离和漂移速度,从而改善了器件性能。美国西部数据公司 Hao Jiang 等通过第一性原理计算研究认为,p 型掺杂剂(Al、Hf、Zr 和 Ti)可以降低形成、设定电压,并改善器件的保持性能。此外,还有叶葱团队、代月花团队、陈伟团队等采用掺杂剂改善氧化物电子性能的研究结果。

这些研究结果表明,掺杂剂能够改善器件的操作电压和状态的稳定性,但引入掺杂剂对导电通道,尤其是对导电通道的形成、保持和收缩等动力学过程的影响,仍需更深入的讨论。

近年来,原位表征技术在导电通道的演变方面取得了预期的进展。韩国首尔大学 Kwon 等使用高分辨率透射电子显微镜直接探测 $Pt/TiO_2/Pt$ 器件中的导电纳米丝。原位观测结果证实,开关过程是通过 Ti_nO_{2n-1} 的 Magne'li 相细丝形成和破坏而发生的。欧洲微电子研究中心(IMEC) Celano 等使用扫描探针显微镜断层扫描技术(Scalpel SPM),在 Hf/HfO 和 Ta/TaO 系统中将氧交换层与导电丝区分开来。他们的第一性原理计算表明,氧在氧交换层/氧化物界面处的扩散会引起氧化物中费米能级附近的态密度变化。美国普渡大学 Nicolas 等首次用反应分子动力学和电荷平衡法对导电细丝进行原子模拟,并将其扩展到描述电化学反应。

中国科学院微电子所刘琦团队通过原位透射电子显微镜研究了 Ag(或 Cu)/ZrO_2/Pt 中生长、收缩导电丝的演变。而直接观察氧离子运动一直是一项艰巨的任务。北京大学杨玉超等通过静电力显微镜(EFM)原位显示 HfO_2 中氧离子迁移和积累的过程。北京大学康晋峰团队通过原位电子全息和原位能量过滤成像技术研究了 HfO_2 RRAM 中氧空位分布的演变过程,还使用动力学蒙特卡罗方法(KMC)模拟对氧空位的动力学进行了建模,发现导电丝的断裂发生在顶部电极附近的区域。

这些研究结果暗示,导电通道的形成、保持、收缩过程与原子扩散激活能密切相关,为描述导电通道的形成和界面电子结构的变化及发展相应的模型,必须要获得原子扩散激活能。因此,准确估计原子运动的扩散激活能和扩散系数是最基本的,也是必不可少的。但不幸的是,对许多过渡金属氧化物的扩散系数和扩散激活能直接测定的工作是十分有限的。

德国亚琛工业大学 Rainer Waser 团队利用二次离子质谱(SIMS)技术对 TaO_x、HfO_x 和 TiO_x 薄膜的离子扩散系数研究表明,薄膜中的阳离子在电场的作用下是可移动的,并且可以与氧空位竞争而积极参与电阻转换过程。Gries 等采用飞行时间二次离子质谱分析法(ToF-SIMS),研究了五氧化二钽低温相 L-Ta_2O_5 的氧离子和钽离子(研究中用了 Nb 代替 Ta 作为示踪元素)的扩散系数,在所测定的温度下,L-Ta_2O_5 中的 O 比 Nb 的扩散系数高出多个数量级。

最近,美国西部数据公司 Derek A. Stewart 研究了无定形氧化钽中的氧离子的扩散,研究发现其扩散激活能为 1.55~1.60 eV,高于同位素扩散实验[(1.2±0.1)eV]中测得的能量,但与二次离子质谱分析确定的 L-Ta_2O_5 样品的活化能[(1.60±0.18)eV]相当。

综上,氧扩散激活能与氧空位通道的诸多性质密切相关,但目前有限的工作,尤其是掺杂引起的氧扩散激活能的改变更是缺乏相应工作,这阻碍对存储层材料调控更深入的认识。

(2)氧浓度改善器件电压参数、阻态稳定性的研究现状。

除掺杂可以改善导电细丝的稳定性外,调控氧空位浓度也可以改善器件电压和阻态稳定性能。

氧空位导电细丝通道形成和复位的特征,也为构建新型电子突触提供了研究思路。比利时鲁汶大学 Doevenspeck 等基于氧空位细丝低电压渐进式复位规律,提出了一种以此规律作为主动计算单元的非深度学习算法中的概率学习规则。

目前,关于氧空位对导电细丝可靠性的影响机制还存在争议,康晋峰团队认为阻态不稳定是由于 V_O^{2+} 和 O^{2-} 之间的随机重组,导致导电细丝通道中 V_O^{2+} 浓度降低;而欧洲微电子研究中心的 Degraeve 等认为阻态不稳定是由于导电通道中的 V_O^{2+} 由温度驱动的自发扩散,从而收缩沙漏形状的导电细丝通道。

虽然关于导电细丝对器件的可控性、可靠性的影响机制还有争议,但这些研究都表明导电通道的收缩和溶解与 V_O^{2+} 或 O^{2-} 的扩散有关。

还有通过采用包含了富氧层和缺氧层的双存储层结构,以改善器件操作电压和阻态稳定性的研究。三星综合技术院的 Lee Myoung-Jae 等在基于具有富氧层/缺氧层的双存储层结构 Ta_2O_{5-x}/TaO_{2-x} RRAM 器件中,通过控制双层中氧含量成功实现高耐久性和稳定性的器件。他们这些研究认为采用这样的器件结构有益于氧空位导电通道的恢复和保持。

研究结果表明存储层中氧浓度对氧原子的扩散势垒有直接影响。华中科技大学缪向水团队研究结果表明,氧离子在金属 Hf 中的迁移速度快于在 Hf_2O 中的迁移速度,在导电细丝中添加更多的氧间隙将会阻碍氧离子的传输。刘益春团队采用 Ar 表面等离子体处理 HfO_{2-x} 存储层,结果表明该方法显著提高了基于 HfO_{2-x} RRAM 器件的电阻设置电压、重置电压和阻态的均匀性,他们认为 Ar 表面等离子体处理能够引起更多的氧缺陷和更高的表面粗糙度,从而降低了氧迁移的迁移势垒。

综上所述,氧空位含量的合理控制对器件的操作电压、阻态稳定有明显的提高,但氧空位浓度影响下的氧扩散激活能还需要深入研讨,尤其氧空位导电通道受氧扩散激活能的变化情况需要更深入的研究。

1.5 亟待解决的主要问题

综合以上研究发现,掺杂剂、氧空位可以改变忆阻层的缺陷形成能,扩散激活能,影响导电通道的形成、保持、收缩过程,进而影响器件的阻态稳定性、操作电压参数,但仍存在如下不可回避的问题:

(1)掺杂剂和氧空位对 Ta_2O_5 扩散激活能的改变机制不清楚。

目前,对 Ta_2O_5 原子扩散激活能的研究工作非常有限,而对掺杂和氧空位浓度影响下的原子扩散激活能的相关研究更显缺乏。这对原子扩散系数、扩散势垒、扩散激活能这些基本参数的获取非常困难,这也影响更准确的忆阻模型的构建。

(2)扩散激活能对导电通道的形成、保持、收缩影响机制不清楚。

原子扩散激活能的大小与导电通道动态过程密切相关。直观来看,扩散激活能大小直接影响导电通道形成、断裂的难易程度,决定通道的保持时间。进而影响器件的操作电压,决定状态保持参数。但目前,原子扩散激活能与这些参数的关系还缺乏直接深入的研究,尤其是扩散激活能影响下的形成、保持、收缩特性,以及这些特性的稳定性还有待研究。

综合以上两点所述,原子扩散激活能对器件导电通道机制研究存在以下问题:①原子扩散激活能对器件导电通道的形成、保持、收缩过程影响至关重要,但目前,对 Ta_2O_5 原子扩散激活能的研究工作相对缺乏,而对掺杂剂和氧空位浓度影响下的原子扩散激活能更缺少相关研究。②扩散激活能对电压参数和状态保持特性的影响不清楚,尤其是原子扩散激活能对导电通道的形成、保持、收缩影响机制尚不清楚,基于这些影响下的调控方法也需要解决。

第2章 氧离子扩散调制的 $W/Ta_2O_5/ITO$ 阻变存储器开关行为研究

2.1 引 言

本章研究了室温下制备的W/ITO/Au电阻随机存取存储器,它具有非对称双极性电阻开关的特性。器件显示良好的写入、擦除耐久性和数据保持特征。在控制恒流后,器件呈现互补电阻开关(CRS)特性。在形成过程中,在W/ITO上电形成 WO_x 层。ITO中的流动氧离子向电极/ITO界面迁移,形成一层类似半导体的自由载流子阻挡层。电极/ITO界面上非对称自由载流子阻挡层的变化,形成了器件的CRS特性。

2.2 $W/Ta_2O_5/ITO$ 器件制备

实验方法如下所述。

采用射频磁控溅射技术在Au/Ti/Si衬底上制备了ITO薄膜。Au厚度为100 nm,Ti厚度为5 nm。采用电子束蒸发法制备了Au和Ti薄膜。ITO氧化物陶瓷靶材尺寸为50 mm×3 mm,由90%的 In_2O_3 和10%的 SnO_2 烧结而成。溅射功率为120 W,溅射压力为0.6 Pa, O_2/Ar 流量比为2/20 sccm。从薄膜的横截面观察到了厚度为50 nm的ITO薄膜。采用布鲁克X射线衍射仪Cu靶对晶体结构进行了X射线衍射分析。利用Al Ka 1 486.6 eV X射线源,在Escalab 250Xi分析仪上进行了X射线光电子能谱(XPS)分析。

采用金属荫罩直流磁控溅射法在室温下制备了直径分别为50 μm、100 μm和200 μm的W顶电极。溅射功率150 W,背景真空度 10^{-3} Pa,溅射电压375 V,电流0.4 A,工作压力0.43 Pa。

用 Keithley 2400 数字源测量仪在大气中测试了电流-电压（I-V）曲线。除另有说明外，所有实验均在室温下进行。在测试过程中，W 电极接地，对 Au 电极施加电压或脉冲信号。

2.3　ITO 电极材料性质分析

实验结果分析如下所述。

ITO 的全光谱扫描如图 2-1 所示。从图 2-1 的谱中可以看出 C、In、Sn 和 O 的结合能峰存在。实验中，C1s 284.8 eV 为标定值。

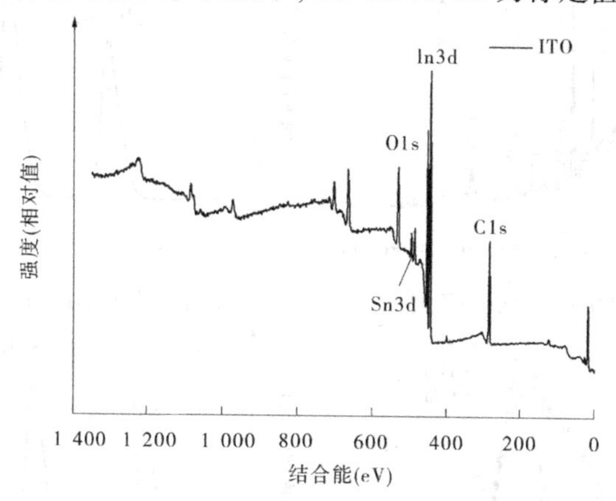

图 2-1　ITO 全光谱扫描的 XPS 结果

ITO 薄膜的 XRD 结果如图 2-2（a）所示。该膜是具有立方铁氧体结构的多晶氧化铟。没有证据表明 Sn、SnO、SnO_2 或其他元素存在于光谱中，表明 Sn 在 In_2O_3 中发生了取代。

图 2-2（b）~（d）分别显示了 In3d、O1s 和 Sn3d 在薄膜表面的 XPS 光谱。$In3d_{3/2}$ 和 $In3d_{5/2}$ 的结合能分别为 444.48 eV 和 452.08 eV，差别是 7.60 eV。这些值与 In 和 InO 的值相差甚远。然而，它们与 In^{3+} 在 In23 中的结合能相同。这表明存在于 In^{3+} 的形式中。

O1s 结合能峰和峰位拟合如图 2-2（c）所示。通过对测试的 O1s 结合能进行高斯拟合，得到了 3 个独立的峰。在此，峰值位于 529.95 eV、

531.40 eV 和 533.72 eV。529.95 eV 处的峰被认为是氧在 In^{3+} 附近的结合能。531.40 eV 的结合能被认为是由于存在于材料中的氧空位。533.72 eV 的结合能是由于化学吸收而存在的 O_2 或 OH^- 基团引起的膜表面的峰。

图 2-2(d)显示了薄膜表面锡的 XPS 光谱。Sn $3d_{3/2}$ 的结合能为 486.60 eV,$Sn3d_{5/2}$ 的结合能为 495.15 eV。这些值与 Sn^{4+} 相同。结果表明,所制备的薄膜是掺锡 ITO 薄膜。

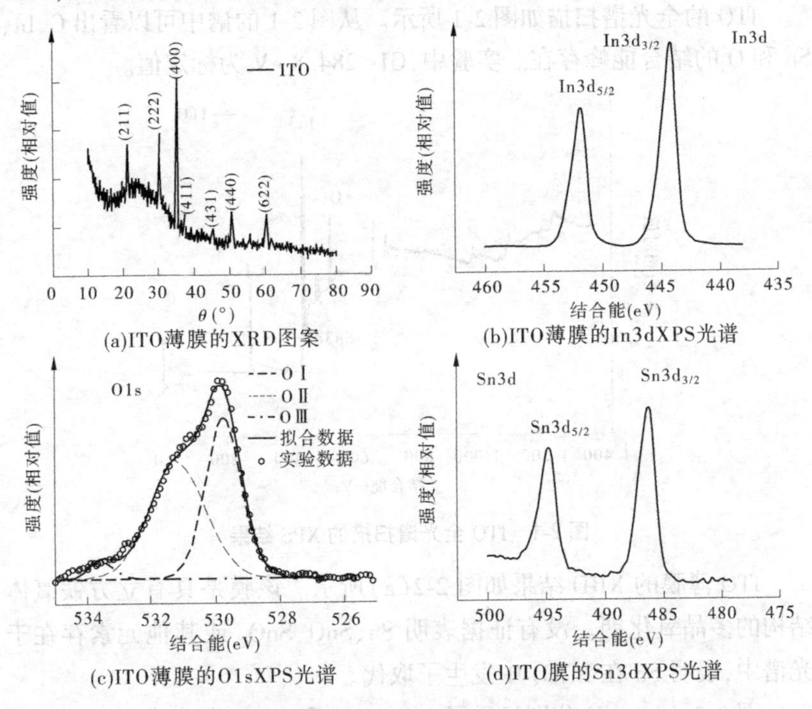

图 2-2　ITO 薄膜的 XPS 测试结果

2.4　氧离子扩散调制双极性开关性质分析

图 2-3(a)显示了无柔顺电流的器件形成过程。图 2-3(a)的插图显示出了 W/ITO/Au 结构的电测量图。可以看出,器件的初始(生长)

状态是低电阻状态(LRS)。随着施加在器件上的电压的增加,器件的电流减少了2~4个数量级,导致形成高电阻状态(HRS)。在形成过程中从LRS到HRS的急剧切换与在W/ITO界面上没有形成自形成的中间氧化物层有关。20形成电压(VF)在3.5~5 V的范围内。可以看出,电流在VF附近急剧减小。应特别注意初始过程:如果继续施加非常高的电压,器件将达到不可逆的击穿。它可以将ITO中的氧离子转变成破坏性的氧气泡,从ITO表面逃逸出来。普通RRAM的形成过程是从HRS到LRS,而W/ITO/Au器件的形成过程是从LRS到HRS。

图2-3(b)显示了同一接触点电压双扫描的100条连续曲线。一个开关周期如图2-3(b)所示。$I-V$曲线显示了BRS的典型特征。当外加电压从0增加到约1 V的阈值电压[设定电压(V_{set})]时,电流突然增加到LRS,并且器件从关闭状态切换到打开状态。随着外加电压的降低,器件保持在导通状态,直到-2 V左右,即复位电压(V_{reset}),电流从导通状态下降到断开状态。设置和复位过程都显示了电流的突变,这表明了灯丝型导电行为。

另外,发现器件重置过程中的电流变化并不像设置过程中变化的突然。这是因为在W/ITO界面上电形成厚且致密的界面中间氧化物层。界面反应对器件性能有显著影响。

从图2-3(b)获得的W/ITO/Au器件数据的统计[设定电压(V_{set})和V_{reset}]在图2-4所示的直方图中被总结,分别为图2-4(a)和图2-4(b)。V_{reset}在-1.4~-2.2 V之间的概率约为80%,V_{set}在0.2~0.7 V之间的概率约为57%。小的V_{set}可能与掺杂电阻层有关,其对氧离子扩散具有延迟作用。研究表明,掺杂电阻开关材料可降低工作电压,使装置的工作电压更加集中,从而减少离子迁移过程中必须克服的势垒。

另外,绝对V_{set}小于绝对V_{reset},说明V_{reset}与V_{set}之间的阈值电压是不对称的。当施加负电压时,氧离子将积聚在W电极中并接近W电极。由于氧离子感应电场的方向与外部电场的方向相反,氧离子的积累会降低外部电场。因此,它会削弱ITO中的电场。但是,设置过程是相反的。因此,V_{reset}高于V_{set}。

为了解存储器中BRS的传导性质,在对数刻度上绘制从图2-3(b)

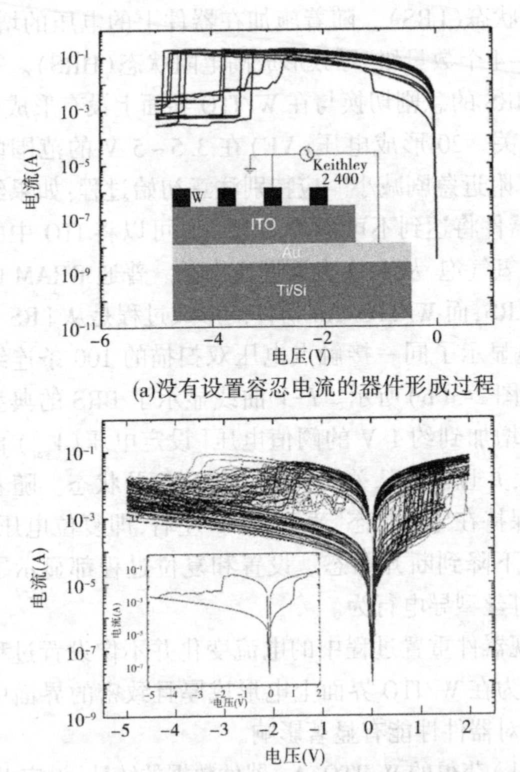

(a)没有设置容忍电流的器件形成过程

(b)W/ITO/Au器件在100个开关周期内的开关特性

注：(a)中插图显示了W/ITO/Au结构的电气测量的示意图；
(b)中插图显示了一个开关周期的曲线图。

图 2-3　无容忍电流的器件形成过程和 100 个周期的电流-电压开关曲线

中选择的 I-V 曲线，曲线的线性拟合如图 2-5(a)和图 2-5(b)所示。在正负电压的 LRS 范围内，电流与电压的关系表现出很好的线性特性。在正负电压的 HRS 范围内，电流与电压的关系因区域而异，斜率分别为 1.03~1.38(正电压)和 1.14~1.42(负电压)。这表明，在低阻态所有电压范围和高阻态较低偏置电压范围(<0.2 V)，由于导电细丝的形成，器件的导电机制遵循欧姆定律，而高阻态的其他电压区域(>0.2 V)，导电机制并不遵循欧姆定律，通过拟合表明 Frankel-Poole(FP)发射机制，如图 2-5(c)、(d)所示。FP 拟合的公式表示为

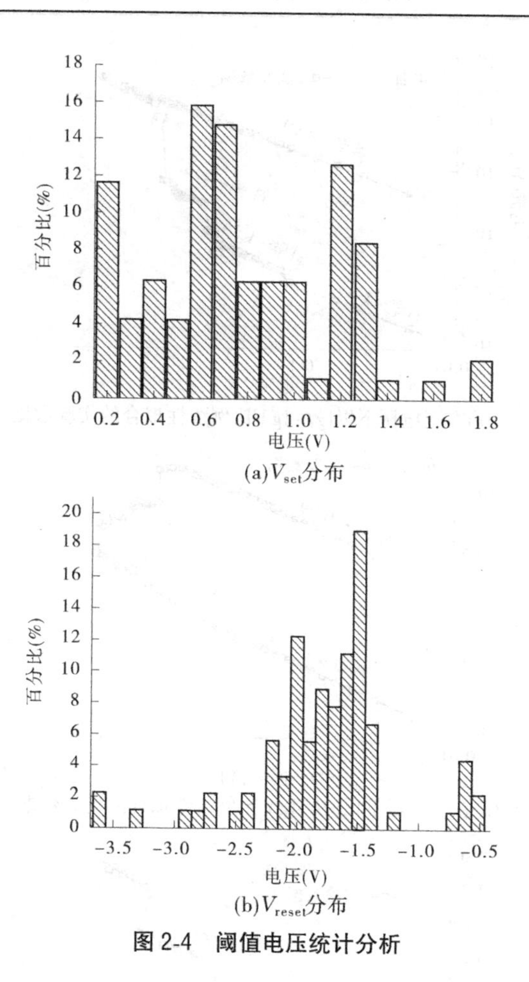

(a)V_{set}分布

(b)V_{reset}分布

图2-4 阈值电压统计分析

$$I \propto V^{0.99}$$

$$J \propto E\exp\left[\frac{-q(\phi_t - \sqrt{qE/\pi\varepsilon})}{kT}\right]$$

式中：ϕ_t 为低于绝缘体导带的陷阱能级；ε 为绝缘体的动态介电常数；T 为温度；q 为基本电荷；k 为玻尔兹曼常数；E 为电场强度。

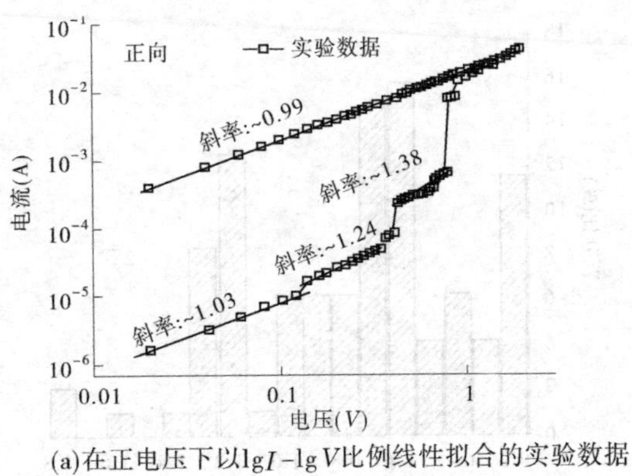

(a)在正电压下以lg*I*-lg*V*比例线性拟合的实验数据

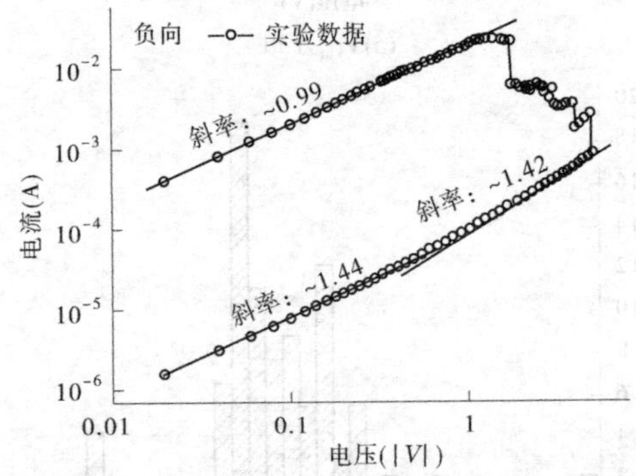

(b)在负电压下以lg*I*-lg*V*比例线性拟合的实验数据

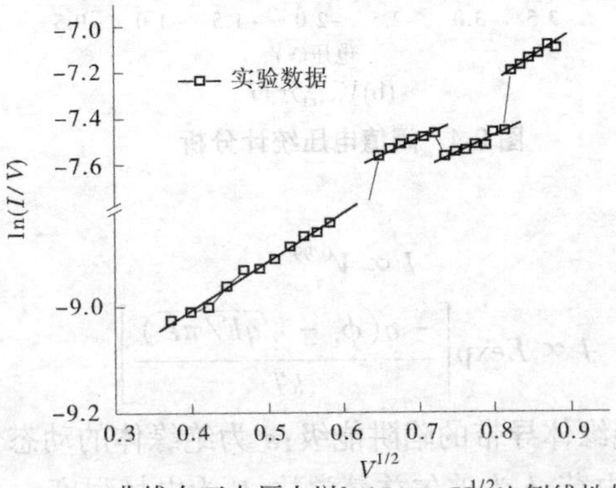

(c)*I*-*V*曲线在正电压上以ln(*I*/*V*)-$V^{1/2}$比例线性拟合

图 2-5　电流-电压曲线拟合分析

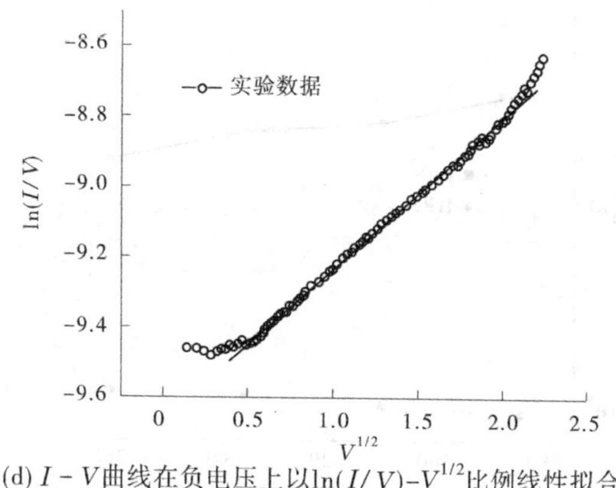

(d) $I-V$曲线在负电压上以$\ln(I/V)-V^{1/2}$比例线性拟合

续图 2-5

图 2-5(c)和图 2-5(d)分别显示了 $\ln(I/V)$ 与正负电压下器件 HRS 电流的 $V^{1/2}$ 的函数关系图。结果表明,在较高的 HRS 偏压下,自由载流子的传导主要受 FP 发射的控制。

为了进一步研究器件中的电流传导,与温度和器件尺寸相关的器件电阻如图 2-6 所示。从图 2-6(a)可以看出,HRS 的电阻随温度(从 285 K 到 360 K)的升高而降低,这表明 HRS 具有半导体特性。LRS 的电阻随温度的升高而增大,表现出金属特性。

使用直径为 50 μm、100 μm 和 200 μm 的顶电极研究了与器件尺寸相关的导电机制,如图 2-6(b)所示。观察到的 HRS 对器件面积敏感,但 LRS 对器件面积不敏感,表现出局部导电行为。

为了验证该器件的数据保持性能,研究了室温下在相同偏压 -0.2 V 下随时间变化的 LRS 和 HRS 电阻,保持结果如图 2-7(a)所示。HRS 和 LRS 在 8×10^3 s 以上均无衰减。

W/ITO/Au 存储器的循环保持特性是室温下在擦除、写入循环期间测量每个电导。在该测量中,读取电压为 0.1 V;擦除编程脉冲为 0.5 V,宽度为 5 ms;写入编程脉冲为 -2 V,宽度为 210 ms[见图 2-7(b)]。

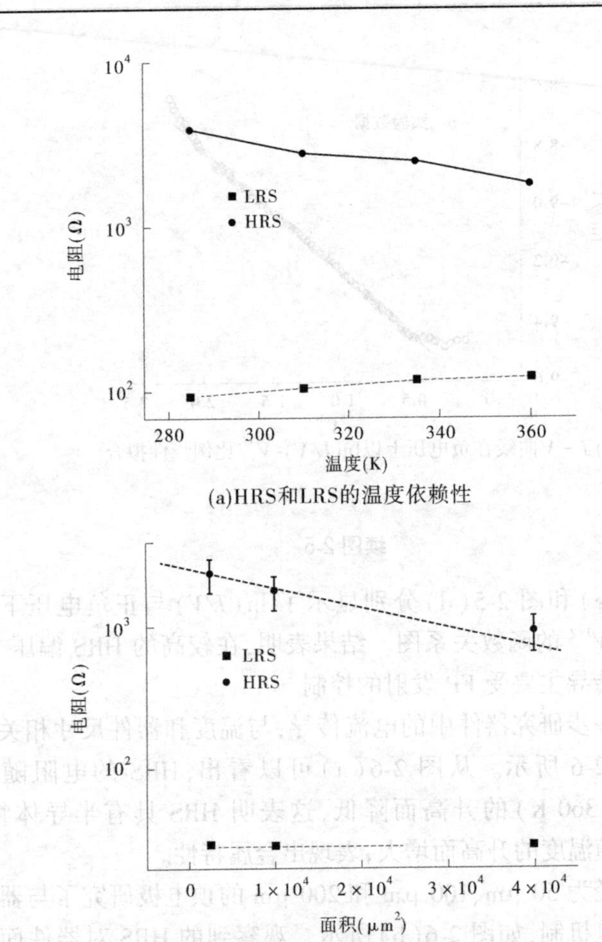

(a)HRS和LRS的温度依赖性

(b)不同面积器件的HRS和LRS中的电阻

图 2-6　与温度和器件尺寸相关的器件电阻

通过负的电形成过程观察了器件的循环特性。形成过程和相应的 $I-V$ 曲线如图 2-8 所示。在形成过程中,HRS 的电阻比图 2-7(a)所示的电阻高约两个数量级,HRS 和 LRS 在循环保持中的电阻也比 DC 扫描循环中的电阻高两个数量级[见图 2-7(b)]。

尽管循环变化，但 HRS 和 LRS 保持稳定，循环次数高达 1 400 次，如图 2-6(b) 所示。注意，与擦除过程相比，W/ITO/Au 存储器在写入过程中需要更大的电压和脉冲宽度。这意味着钨和金电极的非对称陷阱界面反应。循环测量参数可以在图 2-9 中观察到。

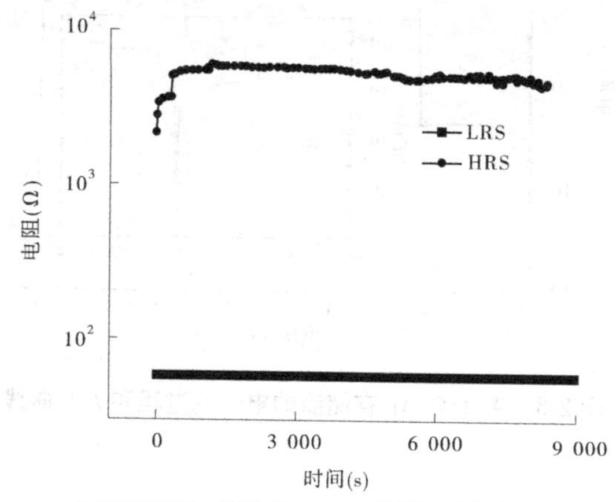

(a)W/ITO/Au器件在-0.2 V偏压下的保持特性

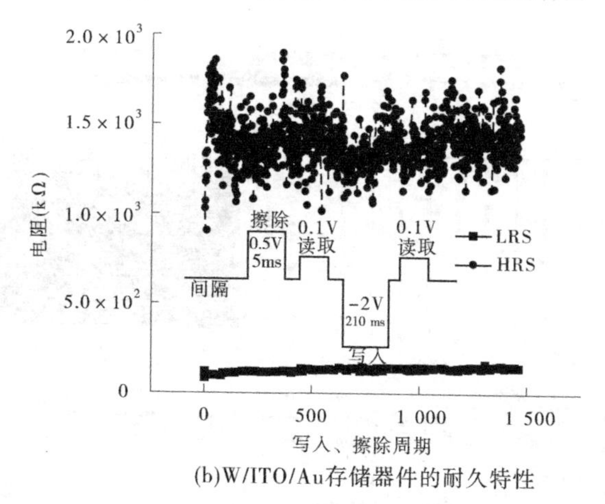

(b)W/ITO/Au存储器件的耐久特性

注：图(b)的插图显示了擦除、写入、读取方案，读取电压为 0.1 V，宽度为 5 ms 的缓动脉冲为 0.5 V，宽度为 210 ms 的写入电压为-2 V。

图 2-7　W/ITO/Au 器件的室温保持性和耐久特性

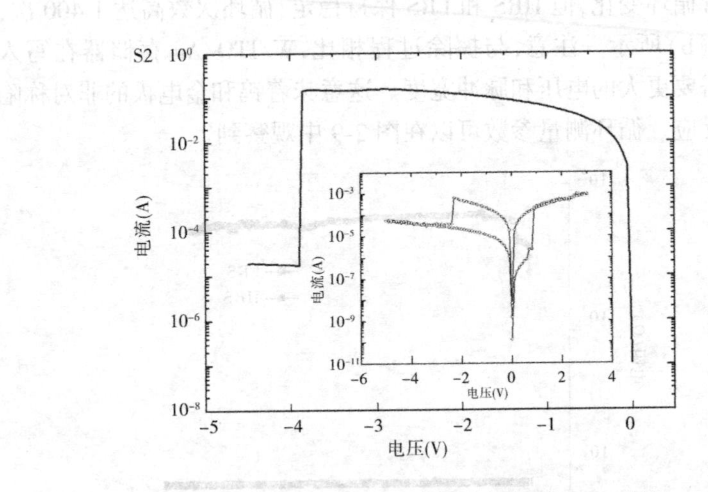

图 2-8　W/ITO/Au 存储器的电形成过程和 I-V 曲线

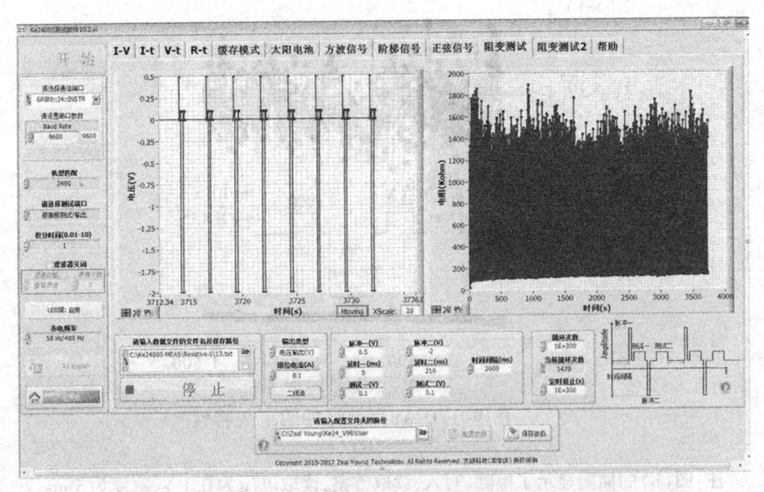

图 2-9　W/ITO/Au 存储器的耐久性测试参数和性能

2.5　氧离子扩散调制器件互补行为分析

BRS 与 CRS 的相关性和差异性已引起人们的重视。Chen 等发现 TiN/HfO_2/Pt 的 BRS 在过渡过程结束后，通过容忍性电流的控制最终转变为 CRS。观察到随着扫描电压的进一步增加，CRS 的特性得到了改善。对于 W/ITO/Au 存储器件，也得到了类似的性能。控制容忍性电流后观察到 CRS 特性，如图 2-10 所示。

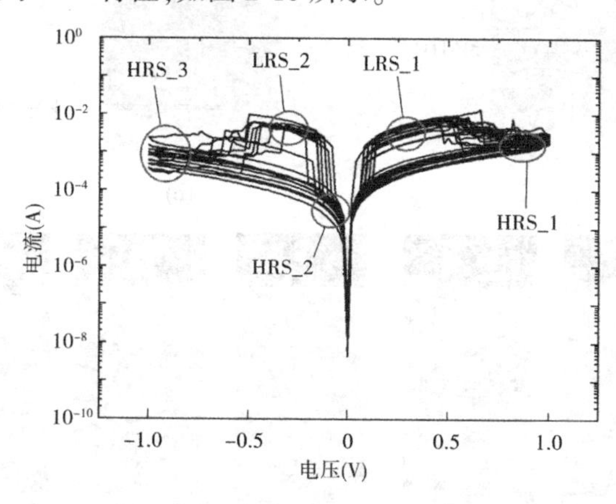

图 2-10　W/ITO/Au 器件的典型互补电阻开关行为

图 2-10 中标示的 LRS_1 表示的是低电阻状态 1，HRS_1 表示的是高电阻状态 1。曲线形成的过程如下，原点→LRS_1→HRS_1→原点→HRS_2→LRS_2→HRS_3→原点。该曲线特征符合互补性的电阻开关行为。因为电压的正半轴或者负半轴方向，存在两个电压区域的高阻态。在前人的研究中也观察到类似现象，随着扫描电压的进一步增加，获得了 CRS 特性。对于 W/ITO/Au 存储设备也获得了类似的行为。如图 2-10 所示，在控制顺从电流后观察到 CRS 特性。

为描述开关机制，我们绘制了电阻开关过程的示意图，如图 2-11 所示，图 2-11(a)、(b)为 BRS 流程的示意图，图 2-11(c)~(g)为 CRS 流程示意图。图 2-11(a)为 BRS 流程中的 HRS：WO_x 和类半导体 ITO 层形成在 W/ITO 的界面处；图 2-11(b)为 BRS 流程中的 LRS：半导体状的 ITO 在 W/ITO 和 ITO/Au 的两个界面处消失；图 2-11(c)、(f)表明,类似半导体的 ITO 载流子阻挡层在 LRS_1 和 LRS_2 中没有完全消失;图 2-11(d)、(e)、(g)显示了 CRS 过程中的 HRS_1、HRS_2 和 HRS_3 形成在 ITO/Au 和 W/ITO 的类半导体 ITO 载流子阻挡层。

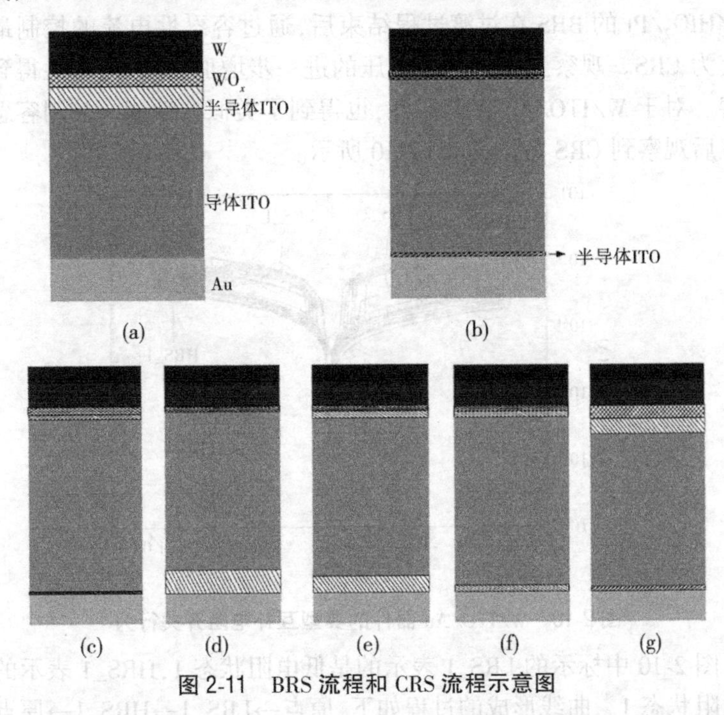

图 2-11 BRS 流程和 CRS 流程示意图

图 2-11 中模型考虑了 W/ITO 界面上电形成的 WO_x 和 Au/ITO 界面上电形成的类半导体 ITO 层。由于形成金属氧化物的标准吉布斯自由能而忽略了 W/ITO 界面上存在的自形成 WO_x 层。因此,在 298 K 时,W 吸收氧离子的能力几乎等于 In(WO_3 −764 kJ/mol;In_2O_3 −830 kJ/mol),新器件在 LRS 中,在 W/ITO/Au 器件能够在正常的设定和复位电压下工作之前,需要使用相对较大的负电势(形成过程)初步形成界面电子阻挡层。在形成过程中,施加到 Au 电极上的负电压驱动 ITO 内的迁移氧离子到达 ITO/W 界面,并诱导 W 的氧化,并形成 WO_x 层作为阻挡自由漂移载体的阻挡层,从而导致重置。另外,移动的氧离子

向 W 电极移动并氧化氧空位组成的高导电特征的通道,通过以下化学反应进行:

$$O^{2-}+V_O^{2+}\leftrightarrows O_O$$

其中:O^{2-} 为氧离子;V_O^{2+} 为空位;O_O 为晶格氧。

众所周知,ITO 薄膜的导电性对氧空位缺陷敏感。这会在 WO_x 层旁边产生类似半导体的 ITO 层。因此,W/ITO/Au 器件从初始 LRS 切换到 HRS[见图 2-11(a)]。结果还表明,成型过程中 HRS 电阻越高,形成的 WO_x 和 ITO 等半导体越致密。当电压正扫到特定电压(V_{set})时,电流突然增加。因此,W/ITO/Au 器件从 HRS 切换到 LRS。此时,WO_x 和类半导体 ITO 层的厚度被忽略。另外,在 WO_x 和类半导体的 ITO 层中形成了导电的路径状细丝,因此器件位于 LRS 处[见图 2-11(b)]。

CRS 特征与 W/ITO/Au 器件中两个自由载流子阻挡层的存在有关。图 2-11(c)~(g)显示了 CRS 的流程。该装置显示正电压下的 LRS[见图 2-11(c)]。注意,在 200~300 个扫描周期后,两个自由载流子阻塞层不会在 LRS 中完全消失[见图 2-11(c)和(f)]。随着电压的增加,移动的氧离子向 Au 电极移动,并随着图 2-11(e)的氧空位氧化,导致半导体 ITO 层的展宽。同时,在 WO_x 和类似半导体的 ITO 层中抑制导电丝,导致 HRS_1 的出现[见图 2-10 和图 2-11(d)]。

当外加电压极性相反时,ITO/Au 处的类半导体 ITO 层减弱,W/ITO 处的 WO_x 和类半导体 ITO 层厚度增加。由于柔顺电流的控制,W/ITO 处的 WO_x 和类半导体 ITO 层没有完全消失,因此器件电流被抑制,在较高的负偏压下 FP 发射占主导地位[见图 2-11(e)]。在负偏压扫描下,ITO/Au 处的类半导体 ITO 层消失,而 WO_x 和类半导体 ITO 层的厚度增长缓慢。因此,由于忽略了器件内的自由载流子阻挡层,W/ITO/Au 器件电流增大。因此,该装置位于 LRS_2 中[见图 2-11(f)],即 ITO/Au 处的自由载流子阻挡层迅速消失,W/ITO 处的阻挡层厚度缓慢增加。这也可以在图 2-7(b)中确认。在写入过程中,需要比擦除过程更大的脉冲电压和脉冲宽度。随着正负电压的增加,W/ITO 处的阻挡层厚度进一步增加,器件达到 HRS_3[见图 2-11(g)]。

2.6 小结

在本章中,研究了室温下制备的 W/ITO/Au-RRAM。该器件显示非对称 BRS,具有良好的写入、擦除耐久性和数据保持特性。分析了 HRS 和 LRS 的传导特性,较高电压下的 $I-V$ 曲线对应典型的 FP 发射特征,HRS 表现为欧姆导电。通过控制容忍电流,BRS 可以转化为 CRS。电极/ITO 界面的不对称自由载流子阻挡层导致了 CRS 特征。

第 3 章 Ta_2O_5 中氧离子扩散动力学研究

3.1 引言

本章用密度泛函理论计算了 λ-Ta_2O_5 中氧空位缺陷的形成能和扩散特性,结果表明中性氧空位缺陷的形成能与其他研究一致,并且还研究了考虑定期校正的带电氧缺陷。计算表明,+ 2 荷电氧空位的缺陷形成能为 0.83~1.16 eV。由氧空位缺陷形成能和扩散势垒组成的扩散活化能也与实验测得的扩散活化能非常吻合。它显示了扩散势垒与扩散位移之间的线性关系。

3.2 计算方法和计算模型

作为最具竞争力的下一代存储器,存取存储器(RRAM)引起了研究人员的极大关注。尽管在过去的十年中发表了许多论文和研究成果,但是仍然存在一些不可避免的问题。例如,由于对设备电压调节机制的了解不足以及影响工作电压的本质原因不清楚,因此无法有效地控制设备工作电压。目前,已知 RRAM 的细丝取决于活性层中的离子迁移,因此产生并消除了导电细丝。

导电丝由氧空位组成,其形成直接影响着形成电压、设定电压、复位电压、保留时间等关键参数。导电丝的形成、保留、断裂与原子扩散活化能密切相关。根据固体扩散理论,空位扩散活化能 Q 由空位形成能 ΔE_V 和空位扩散势垒 ΔE_B 组成,即 $Q = \Delta E_V + \Delta E_B$。因此,首先应考虑电阻开关材料的 ΔE_V 和 ΔE_B。

Ta_2O_5 由于其在 RRAM 中的优异性能而备受关注。然而,对于

Ta_2O_5-RRAM 器件性能优良的微观原因，特别是在 Ta_2O_5 中的离子扩散，仍有争论。

氧空位(V_O)离子和 Ta 离子是 Ta_2O_5 离子扩散的主要缺陷。Stewart 等发现，经典分子动力学方法测定的非晶态 Ta_2O_5 薄膜中氧扩散活化能比同位素扩散实验高出 0.4 eV 左右。这种差异可能是由于薄膜孔隙度、薄膜化学计量或偏好形成纳米晶区和高估非晶钽密度的经验势引起的。

Nakamura 等发现非晶态钽的氧扩散活化能为(1.2±0.1) eV。Jiang 等利用第一性原理推导弹性带(NEB)计算，发现这种自适应的晶体结构导致了氧气在 λ-Ta_2O_5 中平面扩散的低势垒。Hur 表明，用第一性原理计算得到的 λ-Ta_2O_5 的氧空位扩散势垒趋向于+2 价。在 λ-Ta_2O_5 氧离子和阴离子在氧化钽中的扩散过程中，测量的扩散系数表明，氧的扩散性远高于铌。

目前，计算的扩散活化能与实验数据不符，氧原子扩散势垒也不规则。本研究针对的是 λ-Ta_2O_5 结构。尽管构造研究已有几十年的历史，但由于构造异常的复杂性，正确的构造模型一直是人们讨论的焦点，直到 Lee 等提出了一种新的低能高对称性构造模型。这是因为在 λ 相，分子式的每一个单位都显示出最低的能量。

计算表明，+2 荷电氧空位的缺陷形成能为 0.83~1.16 eV。扩散活化能与实验测得的扩散活化能吻合较好。扩散势垒与扩散位移呈线性关系。

利用基于密度泛函理论的第一性原理和维也纳从头算模拟软件包(VASP)计算了 λ-Ta_2O_5 中的氧空位缺陷。用投影增强波(PAW)方法计算了离子的实电子与价电子之间的相互作用。利用广义梯度近似(GGA)中的 Perdew-Burke-Ernzerhof 固体(PBE sol)泛函对交换关联能进行了处理。将平面波的截止能量设为 500 eV，每个原子力的收敛准则设为小于 1.0×10^{-4} eV/Å。

为了寻找最小能量路径，得到反应过渡态的精确构型，我们在 VASP 包中加入了 Henkelman 小组开发的 NEB(CI-NEB)的过渡态计算程序。CI-NEB 是 NEB 的一个改进版本，它的突出之处在于当鞍点附近的构型不受弹簧力的影响时，它会自由地松弛到精确过渡态的位置，以获得最真实的过渡态总能量。

我们在研究中计算了中性氧空位（V_O^0）和失去两个电子的氧空位（V_O^{2+}）的扩散势垒高度。首先对初始状态和最终状态的结构进行优化，然后利用 VASP 程序的过渡态工具对初始状态和最终状态进行插值。插值点数越大，则表示最终能量值越接近最高能量值。一般来说，初始状态和最终状态之间的 8 点可以满足计算要求。所有的过渡态计算都用 8 点插值。经过计算，确定了 8 个点的能量，通过搜索得到的过渡态为最高能量态。然后分别取点进行频率分析，修正零点能量，减小 ΔE_B 的误差，然后减去最大能量状态和初始能量状态，能量差即为缺陷的 ΔE_B。

3.3　固体扩散理论介绍

物质中的原子随时进行着热振动，温度越高，振动频率越快。当某些原子具有足够高的能量时，便会离开原来的位置，跳向邻近的位置，这种由于物质中原子（或者其他微观粒子）的微观热运动所引起的宏观迁移现象称为扩散。

在气态和液态物质中，原子迁移可以通过对流和扩散两种方式进行，与扩散相比，对流要快得多。然而，在固态物质中，扩散是原子迁移的唯一方式。固态物质中的扩散与温度有很强的依赖关系，温度越高，原子扩散越快。实验证实，物质在高温下的许多物理及化学过程均与扩散有关，因此研究物质中的扩散无论在理论上还是在应用上都具有重要意义。

物质中的原子在不同的情况下可以按不同的方式扩散，扩散速度可能存在明显的差异，可以分为以下几种类型：

（1）化学扩散和自扩散。扩散系统中存在浓度梯度的扩散称为化学扩散，没有浓度梯度的扩散称为自扩散，后者是指纯金属的自扩散。

（2）上坡扩散和下坡扩散。扩散系统中原子由浓度高处向浓度低处的扩散称为下坡扩散，由浓度低处向浓度高处的扩散称为上坡扩散。

(3)短路扩散。原子在晶格内部的扩散称为体扩散或晶格扩散,沿晶体中缺陷进行的扩散称为短路扩散,后者主要包括表面扩散、晶界扩散、位错扩散等。短路扩散比体扩散快得多。

(4)相变扩散。原子在扩散过程中由于固溶体过饱和而生成新相的扩散称为相变扩散或反应扩散。

本节主要讨论扩散的宏观规律、微观机制和影响扩散的因素。

3.3.1 扩散第一定律

在纯金属中,原子的跳动是随机的,形成不了宏观的扩散流;在合金中,虽然单个原子的跳动也是随机的,但是在有浓度梯度的情况下,就会产生宏观的扩散流。例如,具有严重晶内偏析的固溶体合金在高温扩散退火过程中,原子不断从高浓度向低浓度方向扩散,最终合金的浓度逐渐趋于均匀。

菲克(A. Fick)于1855年参考导热方程,通过实验确立了扩散物质量与其浓度梯度之间的宏观规律,即单位时间内通过垂直于扩散方向的单位截面面积的物质量(扩散通量)与该物质在该面积处的浓度梯度成正比,数学表达式为

$$J = -D\frac{\partial C}{\partial x} \tag{3-1}$$

式中:J 为扩散通量,表示扩散物质通过单位截面的流量,物质量/($m^2 \cdot s$);x 为扩散距离;C 为扩散组元的体积浓度,物质量/m^3;$\partial C/\partial x$ 为沿 x 方向的浓度梯度;D 为原子的扩散系数,m^2/s;负号表示扩散由高浓度向低浓度方向进行。

式(3-1)称为菲克第一定律或扩散第一定律。

对于扩散第一定律应该注意以下问题:

(1)扩散第一定律与经典力学的牛顿第二方程、量子力学的薛定鄂方程一样,是被大量实验所证实的公理,是扩散理论的基础。

(2)浓度梯度一定时,扩散仅取决于扩散系数,扩散系数是描述原子扩散能力的基本物理量。扩散系数并非常数,而与很多因素有关,但是与浓度梯度无关。

(3)当 $\partial C/\partial x=0$ 时，$J=0$，表明在浓度均匀的系统中，尽管原子的微观运动仍在进行，但是不会产生宏观的扩散现象，这一结论仅适合于下坡扩散的情况。有关扩散驱动力的问题请参考后文内容。

(4)在扩散第一定律中没有给出扩散与时间的关系，故此定律适合于描述 $\partial C/\partial x=0$ 的稳态扩散，即在扩散过程中系统各处的浓度不随时间变化。

(5)扩散第一定律不仅适合于固体，也适合于液体和气体中原子的扩散。

3.3.2　扩散第二定律

稳态扩散的情况很少见，有些扩散虽然不是稳态扩散，只要原子浓度随时间的变化很缓慢，就可以按稳态扩散处理。但是，实际中的绝大部分扩散属于非稳态扩散，这时系统中的浓度不仅与扩散距离有关，也与扩散时间有关，即 $\partial C(x,t)/\partial t\neq 0$。对于这种非稳态扩散可以通过扩散第一定律和物质平衡原理两个方面加以解决。

考虑如图3-1所示的扩散系统，扩散物质沿 x 方向通过横截面面积为 $A(A=\Delta y\Delta z)$、长度为 Δx 的微元体，假设流入微元体(x 处)和流出微元体($x+\Delta x$ 处)的扩散通量分别为 J_x 和 $J_{x+\Delta x}$，则在 Δt 时间内微元体中累积的扩散物质量为

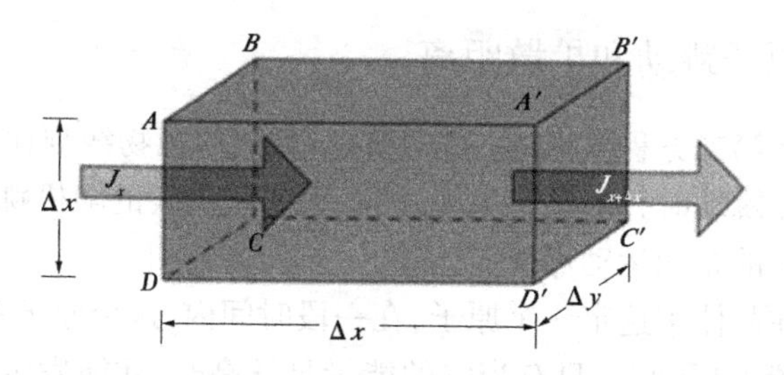

图3-1　原子通过微元体的情况

对于三维扩散，根据具体问题可以采用不同的坐标系，在直角坐标系下的扩散第二定律可由式(3-1)拓展得到

$$\frac{\partial C}{\partial t}=\frac{\partial}{\partial x}\left(D_x\frac{\partial C}{\partial x}\right)+\frac{\partial}{\partial y}\left(D_y\frac{\partial C}{\partial y}\right)+\frac{\partial}{\partial z}\left(D_z\frac{\partial C}{\partial z}\right)\tag{3-2}$$

当扩散系统为各向同性时,如立方晶系,有 $D_x = D_y = D_z = D$,若扩散系数与浓度无关,则式(3-2)转变为

$$\frac{\partial C}{\partial t} = D\left(\frac{\partial^2 C}{\partial x^2} + \frac{\partial^2 C}{\partial y^2} + \frac{\partial^2 C}{\partial z^2}\right) \tag{3-3}$$

或者简记为

$$\frac{\partial C}{\partial t} = D\,\nabla^2 C \tag{3-4}$$

与扩散第一定律不同,扩散第二定律中的浓度可以采用任何浓度单位。

3.3.3 扩散微观理论与机制

扩散第一定律及扩散第二定律及其在各种条件下的解反映了原子扩散的宏观规律,这些规律为解决许多与扩散有关的实际问题奠定了基础。在扩散定律中,扩散系数是衡量原子扩散能力的非常重要的参数,到目前为止,它还是一个未知数。为了求出扩散系数,首先要建立扩散系数与扩散的其他宏观量和微观量之间的联系,这是扩散理论的重要内容。事实上,宏观扩散现象是微观中大量原子无规则跳动的统计结果。从原子的微观跳动出发,研究扩散的原子理论、扩散的微观机制以及微观理论与宏观现象之间的联系是本节的主要内容。

3.3.4 原子跳动和扩散距离

由扩散第二方程导出的扩散距离与时间的抛物线规律揭示出,晶体中原子在跳动时并不是沿直线迁移,而是呈折线的随机跳动,就像花粉在水面上的布朗运动那样。

首先在晶体中选定一个原子,在一段时间内,这个原子差不多都在自己的位置上振动着,只有当它的能量足够高时,才能发生跳动,从一个位置跳向相邻的下一个位置。在一般情况下,每一次原子的跳动方向和距离可能不同,因此用原子的位移矢量表示原子的每一次跳动是很方便的。设原子在 t 时间内总共跳动了 n 次,每次跳动的位移矢量为 $\bar{r}_i$,则原子从始点出发,经过 n 次随机的跳动到达终点时的净位移矢

量 $\overline{R}_n$ 应为每次位移矢量之和，如图 3-2 所示。因此

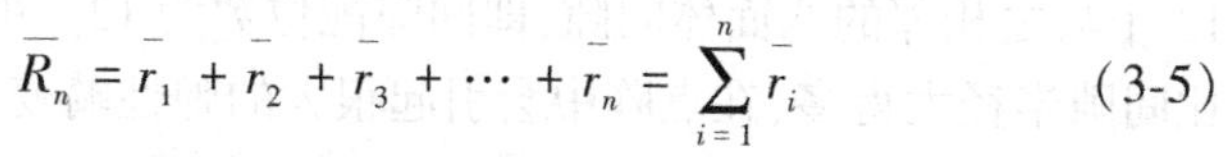

$$\overline{R}_n = \overline{r}_1 + \overline{r}_2 + \overline{r}_3 + \cdots + \overline{r}_n = \sum_{i=1}^{n} \overline{r}_i \quad (3\text{-}5)$$

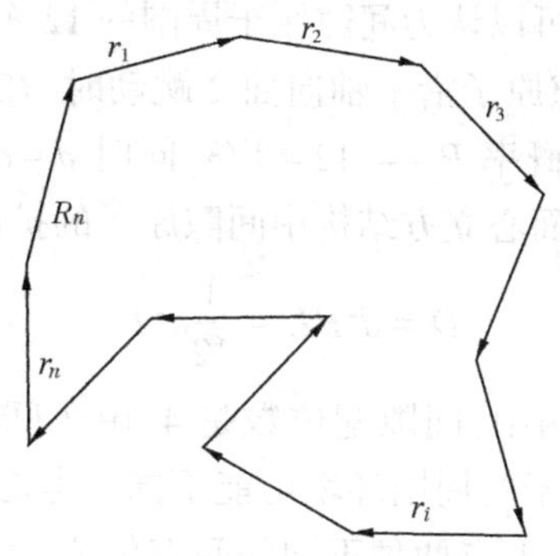

图 3-2 原子的无规行走

设原子的跳动频率为 Γ，其意义是单位时间内的跳动次数，与振动频率不同。跳动频率可以理解为：如果原子在平衡位置逗留 τ s，即每振动 τ s 才能跳动一次，则 $\Gamma = 1/\tau$。这样，t 时间内的跳动次数 $n = \Gamma t$，代入式(3-5)得

$$\sqrt{\overline{R_n^2}} = \sqrt{\Gamma t} \cdot r \quad (3\text{-}6)$$

式(3-6)的意义在于，建立了扩散的宏观位移量与原子的跳动频率、跳动距离等微观量之间的关系，并且表明根据原子的微观理论导出的扩散距离与时间的关系也呈抛物线规律。

3.3.5 原子跳动和扩散系数

由上面分析可知，大量原子的微观跳动决定了宏观扩散距离，而扩散距离又与原子的扩散系数有关，故原子跳动与扩散系数间存在内在的联系。

下面以面心立方和体心立方间隙固溶体为例，说明跳动概率 P 的计算。在这两种固溶体中，间隙原子都是处于八面体间隙中心的位置。由于两种晶体的结构不同，间隙的类型、数目及分布也不同，将影响到

间隙原子的跳动概率。在面心立方结构中,每一个间隙原子周围都有12个与之相邻的八面体间隙,即间隙配位数为12。由于间隙原子半径比间隙半径大得多,在点阵中会引起很大的弹性畸变,使间隙固溶体的平衡浓度很低,所以可以认为间隙原子周围的12个间隙是空的。当位于面1体心处的间隙原子沿y轴向面2跳动时,在面2上可能跳入的间隙有4个,则跳动概率$P=4/12=1/3$,同时$d=a/2$,a为晶格常数。将这些参数代入,得面心立方结构中间隙原子的扩散系数:

$$D=d^2P\Gamma=\frac{1}{12}a^2\Gamma \tag{3-7}$$

在体心立方结构中,间隙配位数是4,由于间隙八面体是非对称的,因此每个间隙原子的周围环境可能不同。考虑间隙原子由面1向面2的跳动。在面1上有两种不同的间隙位置,若原子位于棱边中心的间隙位置,当原子沿y轴向面2跳动时,在面2上可能跳入的间隙只有1个,跳动概率为1/4,面1上这样的间隙有$4\times(1/4)=1$个;若原子处于面心的间隙位置,当向面2跳动时,却没有可供跳动的间隙,跳动概率为$0/4=0$,面1上这样的间隙有$1\times(1/2)=1/2$个。因此,跳动概率是不同位置上的间隙原子跳动概率的加权平均值,即$P=\left(4\times\frac{1}{4}\times\frac{1}{4}+1\times\frac{1}{2}\times0\right)\Big/\left(\frac{3}{2}\right)=\frac{1}{6}$。如果间隙原子由面2向面3跳动,计算的$P$值相同。同样将$P=1/6$和$d=a/2$代入式(3-7),得体心立方结构中间隙原子的扩散系数:

$$D=d^2P\Gamma=\frac{1}{24}a^2\Gamma$$

对于不同的晶体结构,扩散系数可以写成一般形式:

$$D=\delta a^2\Gamma \tag{3-8}$$

式中:δ为与晶体结构有关的几何因子;a为晶格常数。

3.3.6 扩散的微观机制

人们通过理论分析和实验研究试图建立起扩散的宏观量和微观量之间的内在联系,由此提出了各种不同的扩散机制,这些机制具有各自的特点和各自的适用范围。下面主要介绍两种比较成熟的机制:间隙扩散机制和空位扩散机制。为了对扩散机制的发展过程有一定的了解,首先介绍原子的换位机制。

3.3.6.1 **换位机制**

这是一种提出较早的扩散模型,该模型是通过相邻原子间直接调换位置的方式进行扩散的,如图 3-3 所示。在纯金属或者置换固溶体中,有两个相邻的原子 A 和 B[见图 3-3(a)],这两个原子采取直接互换位置进行迁移[见图 3-3(b)],当两个原子相互到达对方的位置后,迁移过程结束[见图 3-3(c)],这种换位方式称为 2-换位或直接换位。可以看出,原子在换位过程中,势必要推开周围原子以让出路径,结果引起很大的点阵膨胀畸变,原子按这种方式迁移的能垒太高,可能性不大,到目前为止尚未得到实验的证实。

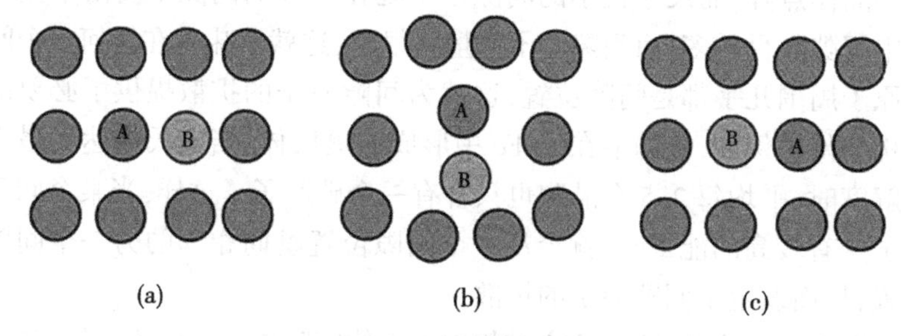

图 3-3 直接换位扩散模型

为了降低原子扩散的能垒,曾考虑有 n 个原子参与换位,如图 3-4 所示。这种换位方式称为 n-换位或环形换位。图 3-4(a)、(b)给出了面心立方结构中原子的 3-换位和 4-换位模型,参与换位的原子是面心原子。图 3-4(c)给出了体心立方结构中原子的 4-换位模型,它是由两个顶角和两个体心原子构成的换位环。由于环形换位时原子经过的路径呈圆形,对称性比 2-换位高,引起的点阵畸变小一些,扩散的能垒有所降低。

应该指出,环形换位机制以及其他扩散机制只有在特定条件下才能发生,一般情况下它们仅仅是下面讲述的间隙扩散和空位扩散的补充。

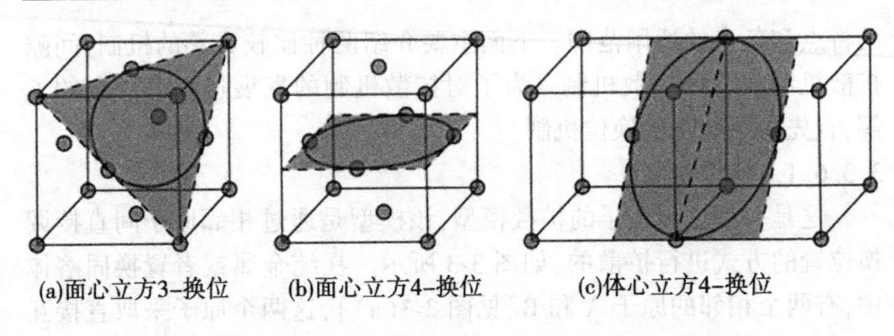

图 3-4 环形换位扩散模型

3.3.6.2 间隙机制

间隙扩散机制适合于间隙固溶体中间隙原子的扩散,这一机制已被大量实验所证实。在间隙固溶体中,尺寸较大的溶剂原子构成了固定的晶体点阵,而尺寸较小的间隙原子处在点阵的间隙中。由于固溶体中间隙数目较多,而间隙原子数量又很少,这就意味着在任何一个间隙原子周围几乎都是间隙位置,这就为间隙原子的扩散提供了必要的结构条件。例如,碳固溶在 γ-Fe 中形成的奥氏体,当奥氏体达到最大溶解度时,平均每 2.5 个晶胞也只含有一个碳原子。这样,当某个间隙原子具有较高的能量时,就会从一个间隙位置跳向相邻的另一个间隙位置,从而发生了间隙原子的扩散。

图 3-5(a)给出了面心立方结构中八面体间隙中心的位置,图 3-5(b)是结构中(001)晶面上的原子排列。如果间隙原子由间隙 1 跳向间隙 2,必须同时推开沿途两侧的溶剂原子 3 和 4,引起点阵畸变;当它正好迁移至 3 和 4 原子的中间位置时,引起的点阵畸变最大,畸变能也最大。畸变能构成了原子迁移的主要阻力。图 3-6 描述了间隙原子在跳动过程中原子的自由能随所处位置的变化。当原子处在间隙中心的平衡位置时(如 1 和 2 位置),自由能最低;而原子处于两个相邻间隙的中间位置时,自由能最高。二者的自由能差就是原子要跨越的自由能垒,$\Delta G=G_2-G_1$,称为原子的扩散激活能。扩散激活能是原子扩散的阻力,只有原子的自由能高于扩散激活能,才能发生扩散。由于间隙原子较小,间隙扩散激活能较小,扩散比较容易。

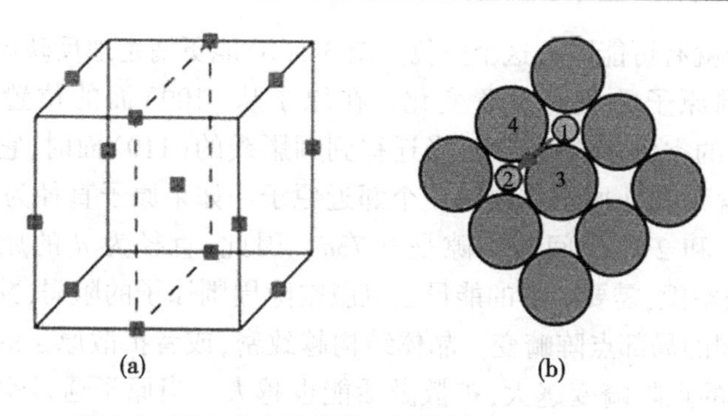

图 3-5　面心立方晶体的八面体间隙及(001)晶面

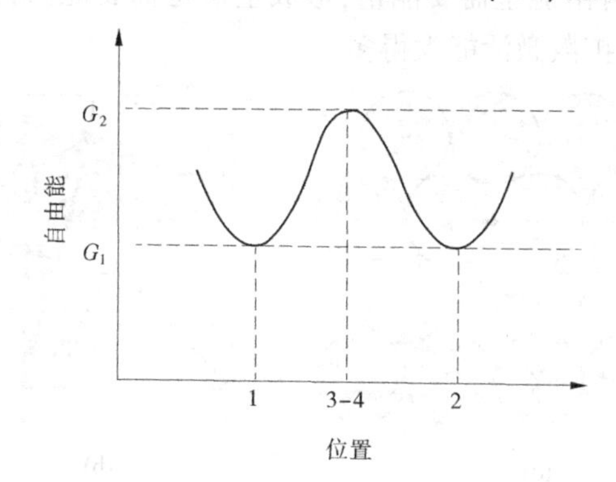

图 3-6　原子的自由能与位置之间的关系

3.3.6.3　空位机制

空位扩散机制适用于纯金属的自扩散和置换固溶体中原子的扩散,甚至在离子化合物和氧化物中也起主要作用,这种机制也已被实验所证实。在置换固溶体中,由于溶质和溶剂原子的尺寸都较大,原子不太可能处在间隙中通过间隙进行扩散,而是通过空位进行扩散的。

空位扩散与晶体中的空位浓度有直接关系。晶体在一定温度下总存在一定数量的空位,温度越高,空位数量越多,因此在较高温度下在任一原子周围都有可能出现空位,这便为原子扩散创造了结构上的有利条件。

图 3-7 给出面心立方晶体中原子的扩散过程。图 3-7(a)是(111)面的原子排列,如果在该面上的位置 4 出现一个空位,则其近邻的位置

3 的原子就有可能跳入这个空位。图 3-7(b)能更清楚地反映出原子跳动时周围原子的相对位置变化。在原子从(100)面的位置 3 跳入(010)面的空位 4 的过程中，当迁移到画影线的(110)面时，它要同时推开包含 1 和 2 原子在内的 4 个邻近原子。如果原子直径为 d，可以计算出 1 和 2 原子间的空隙是 $0.73d$。因此，直径为 d 的原子通过 $0.73d$ 的空隙，需要足够的能量去克服空隙周围原子的阻碍，并且引起空隙周围的局部点阵畸变。晶体结构越致密，或者扩散原子的尺寸越大，引起的点阵畸变越大，扩散激活能也越大。当原子通过空位扩散时，原子跳过自由能垒需要能量，形成空位也需要能量，使得空位扩散激活能比间隙扩散激活能大得多。

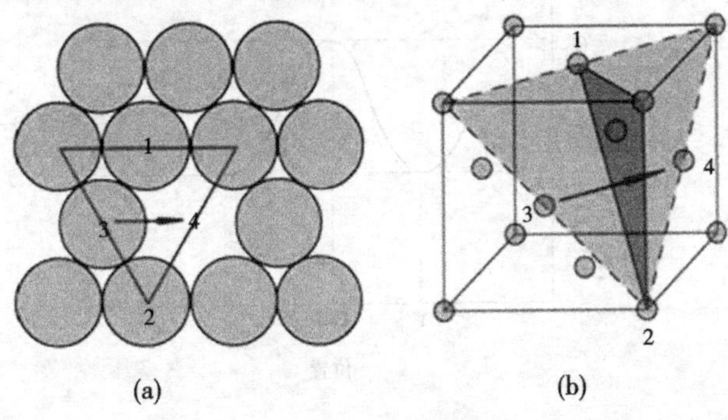

图 3-7　面心立方晶体的空位扩散机制

衡量一种机制是否正确有多种方法，通常的方法是先用实验测出原子的扩散激活能，然后将实验值与理论计算值加以对比看二者的吻合程度，从而做出合理的判断。

3.4　扩散激活能

扩散系数和扩散激活能是两个息息相关的物理量。扩散激活能越小，扩散系数越大，原子扩散越快。从式(3-8)已知，$D=\delta a^2\Gamma$，其中几何因子 δ 是仅与结构有关的已知量，晶格常数 a 可以采用 X 射线衍射等方法测量，但是原子的跳动频率 Γ 是未知量。要想计算扩散系数，必

须求出 Γ。下面从理论上剖析跳动频率与扩散激活能之间的关系,从而导出扩散系数的表达式。

3.4.1 原子的激活概率

以间隙原子的扩散为例,参考图3-5。当原子处在间隙中心的平衡位置时,原子的自由能 G_1 最低,原子要离开原来位置跳入邻近的间隙,其自由能必须高于 G_2,按照统计热力学,原子的自由能满足麦克斯韦-玻尔兹曼(Maxwell-Boltzmann)能量分布律。设固溶体中间隙原子总数为 N,当温度为 T 时,自由能大于 G_1 和 G_2 的间隙原子数分别为

$$\left.\begin{aligned} n(G > G_1) = N\exp\left(\frac{-G_1}{kT}\right) \\ n(G > G_2) = N\exp\left(\frac{-G_2}{kT}\right) \end{aligned}\right\} \tag{3-9}$$

二式相除,得

$$\frac{n(G > G_2)}{n(G > G_1)} = \exp\left(-\frac{G_2 - G_1}{kT}\right) = \exp\left(-\frac{\Delta G}{kT}\right) \tag{3-10}$$

式中,ΔG 为扩散激活能,$\Delta G = G_2 - G_1$,严格说应该称为扩散激活自由能,因为 G_1 为间隙原子在平衡位置的自由能,所以 $n(G>G_1)\approx N$,则

$$\frac{n(G > G_2)}{N} = \exp\left(-\frac{G_2 - G_1}{kT}\right) = \exp\left(-\frac{\Delta G}{kT}\right) \tag{3-11}$$

这就是具有跳动条件的间隙原子数占间隙原子总数的百分比,称为原子的激活概率。可以看出,温度越高,原子被激活的概率越大,原子离开原来间隙进行跳动的可能性越大。式(3-11)也适用于其他类型原子的扩散。

3.4.2 间隙扩散的激活能

在间隙固溶体中,间隙原子是以间隙机制扩散的。设间隙原子周围邻近的间隙数(间隙配位数)为 z,间隙原子朝一个间隙振动的频率为 ν。由于固溶体中的间隙原子数比间隙数少得多,所以每个间隙原子周围的间隙基本是空的。跳动频率可表达为

$$\Gamma = \nu z \exp\left(-\frac{\Delta G}{kT}\right) \tag{3-12}$$

扩散激活自由能 $\Delta G = \Delta H - T\Delta S \approx \Delta E - T\Delta S$，其中 ΔH、ΔE、ΔS 分别称为扩散激活焓、激活内能及激活熵，通常将扩散激活内能简称为扩散激活能，则

$$D = d^2 P\nu z \exp\left(\frac{\Delta S}{k}\right)\exp\left(-\frac{\Delta E}{kT}\right) \tag{3-13}$$

在式(3-13)中，令

$$D_0 = d^2 P\nu z \exp\left(\frac{\Delta S}{k}\right)$$

$$Q = \Delta E$$

得

$$D = D_0 \exp\left(-\frac{Q}{kT}\right) \tag{3-14}$$

式中：D_0 为扩散常数；Q 为扩散激活能。

间隙扩散激活能 Q 就是间隙原子跳动的激活内能，即迁移能 ΔE。

3.4.3 空位扩散的激活能

在置换固溶体中，原子是以空位机制扩散的，原子以这种方式扩散要比间隙扩散困难得多，主要原因是每个原子周围出现空位的概率较小，原子在每次跳动之前必须等待新的空位移动到它的邻近位置。设原子配位数为 z，则在一个原子周围与其邻近的 z 个原子中，出现空位的概率为 n_v/N，即空位的平衡浓度。其中，n_v 为空位数，N 为原子总数。经热力学推导，空位平衡浓度表达式为

$$\frac{n_v}{N} = \exp\left(-\frac{\Delta G_v}{kT}\right) = \exp\left(\frac{\Delta S_v}{k}\right)\exp\left(-\frac{\Delta E_v}{kT}\right) \tag{3-15}$$

式中：ΔG_v 为空位形成自由能，$\Delta G_v \approx \Delta E_v - T\Delta S_v$，$\Delta S_v$、$\Delta E_v$ 分别为空位形成熵和空位形成能。

设原子朝一个空位振动的频率为 ν，利用式(3-15)和式(3-12)，得原子的跳动频率为

$$\Gamma = \nu z \exp\left(\frac{\Delta S_v + \Delta S}{k}\right) \exp\left(-\frac{\Delta E_v + \Delta E}{kT}\right)$$

同样代入式(3-13),得扩散系数

$$D = d^2 P \nu z \exp\left(\frac{\Delta S_v + \Delta S}{k}\right) \exp\left(-\frac{\Delta E_v + \Delta E}{kT}\right) \tag{3-16}$$

令

$$D_0 = d^2 P \nu z \exp\left(\frac{\Delta S_v + \Delta S}{k}\right)$$

$$Q = \Delta E_v + \Delta E$$

则空位扩散的扩散系数与扩散激活能之间的关系,形式上与式(3-14)完全相同。空位扩散激活能 Q 是由空位形成能 ΔE_v 和空位迁移能 ΔE(原子的激活内能)组成的。因此,空位机制比间隙机制需要更大的扩散激活能。表 3-1 列出了一些元素的扩散常数和扩散激活能数据,可以看出 C、N 等原子在铁中的扩散激活能比金属元素在铁中的扩散激活能小得多。

表 3-1　某些扩散系数 D_0 和扩散激活能 Q 的近似值

扩散元素	基体金属	$D_0(\times10^{-5}\ m^2/s)$	$Q(\times10^3\ J/mol)$
C	γ-Fe	2.0	140
N	γ-Fe	0.33	144
C	α-Fe	0.20	84
N	α-Fe	0.46	75
Fe	α-Fe	19	239
Fe	γ-Fe	1.8	270
Ni	γ-Fe	4.4	283
Mn	γ-Fe	5.7	277
Cu	Al	0.84	136
Zn	Cu	2.1	171
Ag	Ag(晶内扩散)	7.2	190
Ag	Ag(晶界扩散)	1.4	90

3.4.4 扩散激活能的测量

不同扩散机制的扩散激活能可能会有很大差别。不管何种扩散，扩散系数和扩散激活能之间的关系都能表达成式(3-14)的形式，一般将这种指数形式的温度函数称为 Arrhenius 公式(阿伦尼马斯公式)。在物理冶金中，许多在高温下发生的与扩散有关的过程，如晶粒长大速度、高温蠕变速度、金属腐蚀速度等，也满足 Arrhenius 关系。

扩散激活能一般靠实验测量，首先将式(3-14)两边取对数

$$\ln D = \ln D_0 - \frac{Q}{kT} \tag{3-17}$$

然后由实验测定在不同温度下的扩散系数，并以 $1/T$ 为横轴，$\ln D$ 为纵轴绘图。如果所绘的是一条直线，根据式(3-14)，直线的斜率为 $-Q/k$，与纵轴的截距为 $\ln D_0$，从而用图解法求出扩散常数 D_0 和扩散激活能 Q。D_0 和 Q 是与温度无关的常数。

3.5 氧空位缺陷形成能分析讨论

3.5.1 λ-Ta_2O_5 电子性质

该部分研究优化了 λ-Ta_2O_5 4×2×3 超晶胞中的 336 个原子，并将其转化为单胞晶格常数：$a = 6.25$ Å，$b = 7.41$ Å，$c = 3.82$ Å。晶格常数的数据与以往的实验和理论研究一致，满足 Pbam 的空间群对称性。

除上述一致的晶格常数外，λ-Ta_2O_5 的电子性质也与非晶态 Ta_2O_5 的一致。研究了基于 HSE06 的 λ-Ta_2O_5 的能带结构和态密度特性。

如图 3-8(a)所示，λ-Ta_2O_5 是一种直接带隙半导体，其带隙为 3.5 eV，略小于非晶态 Ta_2O_5 的实验带隙；λ-Ta_2O_5 的光学带隙为 4.0 eV，与以往报道的计算结果一致。从图 3-8(b)的 DOS 分布来看，导带的顶部密度由 Ta5d 组成，而价带的底部密度主要由 O2p 组成，这也与 Perevalov 等的结果一致。

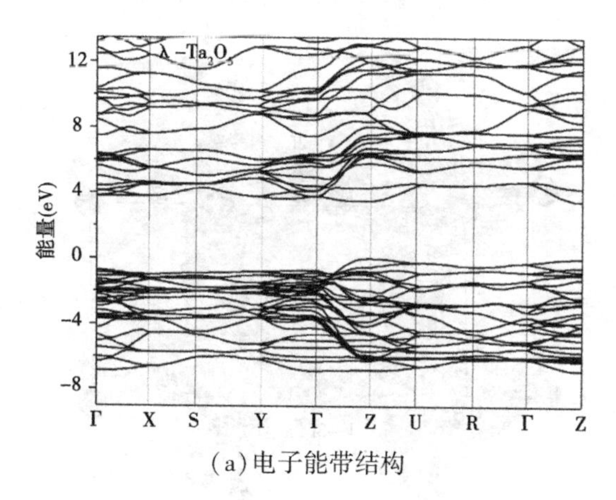

(a)电子能带结构

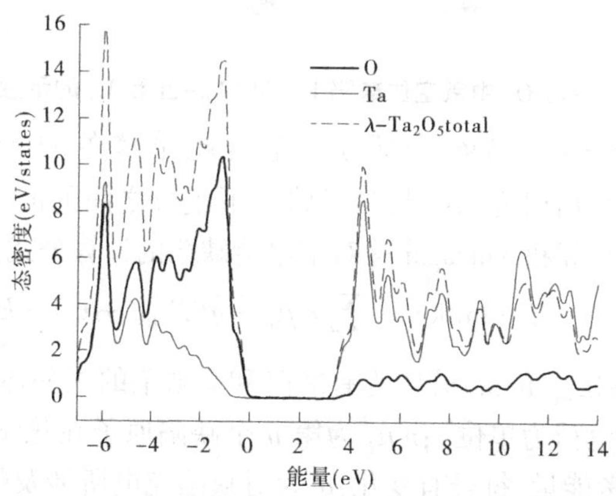

(b)基于λ-Ta_2O_5的HSE06计算的态密度

图3-8　λ-Ta_2O_5电子能带和态密度结果

3.5.2　氧空位形成能分析

λ-Ta_2O_5有3个不同的V_O位,缺陷图如图3-9所示。根据氧原子与Ta原子的键合特性,将氧原子与三个Ta原子和两个Ta原子键合的缺陷类型分别定义为V_O-3f和V_O-2f。平面间V_O缺陷类型定义为V_O-in。

研究中我们计算了具有$0(V_O^0)$、$+1(V_O^{1+})$和$+2(V_O^{2+})$电荷态的

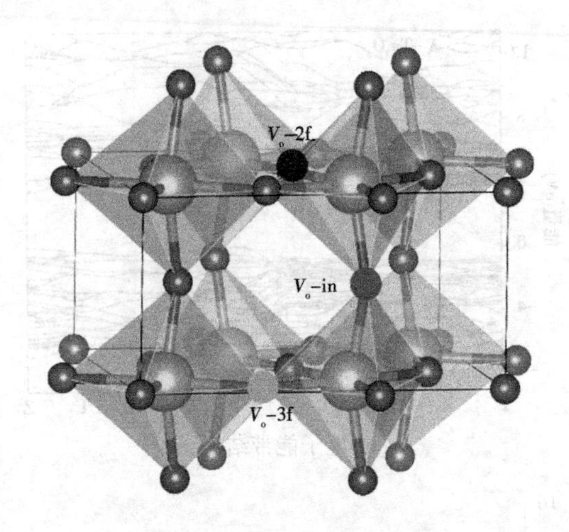

图 3-9 λ-Ta_2O_5 中氧空位缺陷 V_O-3f、V_O-2f 和 V_O 的示意图

λ-Ta_2O_5 4×2×3（含 336 个原子）完美超单体的总能量。缺陷 $E^f(X^q)$ 被定义为所研究系统与参考状态下组分之间的能量差。这里参考 C. Freysoldt 等和 Kumagai 等对带电荷缺陷的计算公式：

$$E^f(X^q)=E_{tot}(X^q)-E_{tot}(\text{bulk})-\sum_i n_i\mu_i+q(E_{VBM}+\mu_e)+E_{corr} \quad (3\text{-}18)$$

式中：$E_{tot}(X^q)$ 和 $E_{tot}(\text{bulk})$ 分别为有缺陷和无缺陷的主晶体的总能量，电荷 q（以基本电荷为单位）；$n_i\mu_i$ 为第 n 个缺陷原子在化学势 μ_i 处加上或减去的参考能量，符号有变化；μ 为对缺陷充电所涉及的电子的化学势；E_{VBM} 为由大块材料的能带结构计算给出的价带最大值；μ_e 为相对于相应价带顶部定义的电子化学势；E_{corr} 为相关更正项的总和。

图 3-10 显示了 V_O 的 ΔE_V 与系统费米能级之间的关系。ΔE_V 表明氧空位形成的容易程度，可以纠正带电缺陷周期图像之间的静电相互作用。修正项取决于带电缺陷周围大块材料的屏蔽特性。这需要知道未变形体 λ-Ta_2O_5 的介电常数值，可计算为 5.8。

如图 3-10 和表 3-2 所示，V_O^0-3f 的 ΔE_V 最低，这与先前的研究一致，但 V_O^0 的 ΔE_V 也低于 V_O-2f。在我们的计算结果中，V_O^0、V_O^{1+} 和 V_O^{2+} 的 E_{corr} 分别为 0、0.16 eV 和 0.63 eV。V_O^{2+}-3f、V_O^{2+}-2f 和 V_O^{2+}-in 分别为

0.83 eV、0.94 eV 和 1.16 eV。ΔE_V 高于 Jiang 等的结果，他们报告的 V_O^{2+} 为 0.29~0.69 eV。

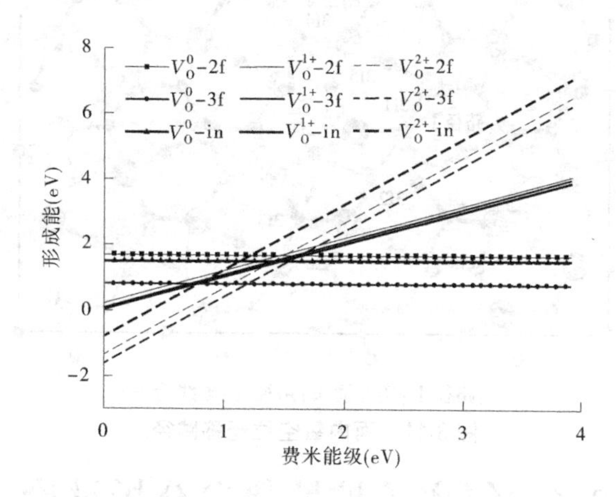

图 3-10　费米能级作为函数的 λ-Ta_2O_5 中氧空位的形成能

表 3-2　λ-Ta_2O_5 4×2×3 超晶胞中单个氧空位的形成能

氧空位缺陷	本研究	文献结果 中性（V_O^0）			本研究		文献结果
					V_O^{1+}	V_O^{2+}	
V_O-2f	5.66	(5.77,5.44,5.33)	5.90	4.38	3.03	0.94	(0.29,0.55,0.69)
V_O-3f	4.20	4.99	4.40	6.25	2.95	0.83	0.34
V_O-in	5.41	5.51	5.60	7.3	3.08	1.16	0.49

注：计算结果是从费米能处于价带最大值的情况出发，列出带电空位的形成能，并对带电氧空位进行电荷校正。

3.5.3　氧空位扩散规律分析

图 3-11 显示了氧离子的两条扩散路径。图 3-11 中的箭头表示氧离子的扩散方向。在实心箭头指示的路径 Ⅰ 中，氧离子的扩散表示为 3f1→3f2→2f1→3f3。在虚线箭头指示的路径 Ⅱ 中，氧离子的扩散表示为 3f4→3f5→2f1→3f3。

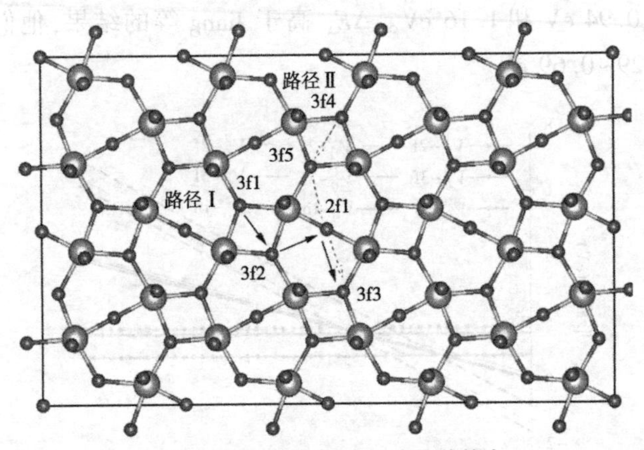

注：路径Ⅰ：实心箭头；路径Ⅱ：虚线箭头。

图 3-11　面内氧空位迁移路径

3.6　氧离子扩散势垒分析讨论

为了研究超单元对 ΔE_B 收敛性的影响，我们比较了 4 组超单元，包括 3×2×2、3×2×3、4×2×3 和 4×3×3。然后研究了这 4 组超单体 ΔE_B 中的 3f1→3f2 路径（见图 3-12）。随着超单体尺寸的增大，ΔE_B 收敛到 0.2 eV，由最小超单体（3×2×2）引起的 ΔE_B 误差较大。因此，ΔE_B 是根据 4×2×3 超胞计算的。

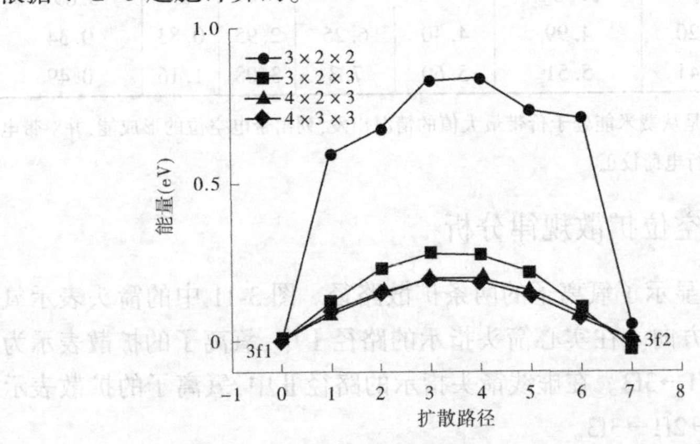

图 3-12　3f1→3f2 中的扩散势垒的 4 种类型的超胞

为了研究 V_O 荷电状态对扩散路径的影响，我们在图 3-13(a)、(b) 中分别显示了两条路径中的 V_O^0 和 V_O^{2+} 扩散势垒。显然，两条路径中 V_O^0 和 V_O^{2+} 处的 ΔE_B 曲线重合，但涉及 V_O-2f1 的扩散步骤除外(见图 3-13)。

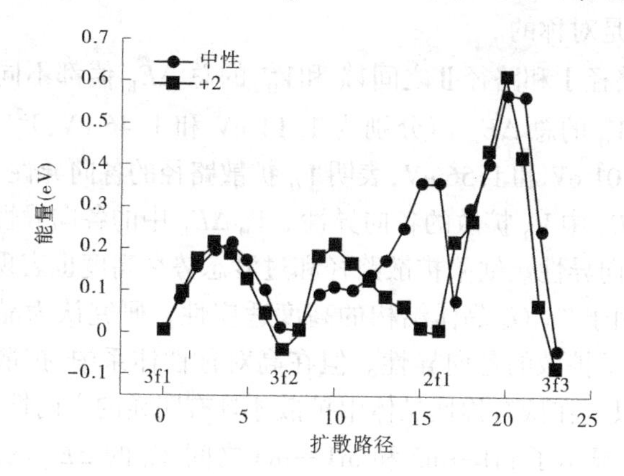

(a) 面内路径 Ⅰ (3f1→3f2→2f1→3f3)

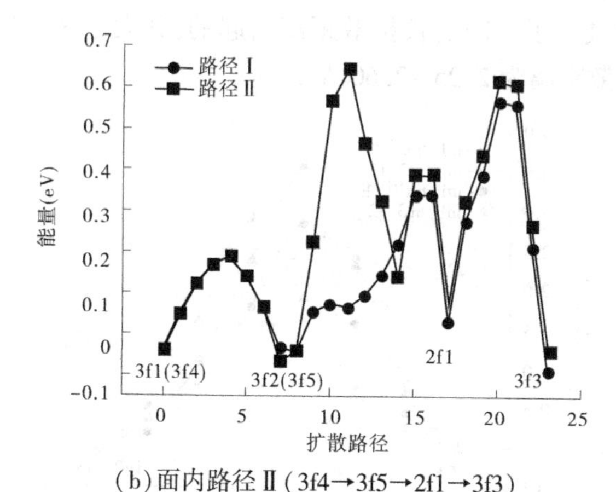

(b) 面内路径 Ⅱ (3f4→3f5→2f1→3f3)

图 3-13　氧空位沿面内路径 Ⅰ 和面内路径 Ⅱ 的扩散能图像

从 3f1→3f2 和 3f4→3f5 的扩散路径来看，V_O^0 和 V_O^{2+} 的 ΔE_B 约为 0.21 eV，但 3f2→2f1 和 3f5→2f1 的 ΔE_B 不同，在 0 电荷状态下，两条路径的 ΔE_B 分别为 0.64 eV 和 0.36 eV。扩散势垒分别为 0.69 eV 和 0.61 eV。

尽管 3f2→2f1 和 2f1→3f3 的扩散过程在路径Ⅰ中是对称的，但 ΔE_B 是不对称的，V_O^0 和 V_O^{2+} 的 ΔE_B 分别为 0.4 eV 和 0.24 eV（见图 3-13）。然而，路径Ⅱ中 3f5→2f1 和 2f1→3f3 的扩散过程是对称的，ΔE_B 结果也是对称的。

此外，路径Ⅰ和路径Ⅱ之间 V_O^0 和 V_O^{2+} 的总 ΔE_B 值都不同。路径Ⅰ和路径Ⅱ中 V_O^0 的总 ΔE_B 值分别为 1.14 eV 和 1.46 eV，V_O^{2+} 的总 ΔE_B 值分别为 1.01 eV 和 1.56 eV，表明 V_O 扩散路径的各向异性。Liu 等还发现 TiO_2 ΔE_B 中 V_O 扩散的各向异性。V_O ΔE_B 中的各向异性归因于晶格结构的各向异性。缺陷扩散路径和过渡态势垒高度也表现出各向异性，这也归因于 Ta_2O_5 晶体结构的高度适应性。研究认为晶体的各向异性导致原子扩散的各向异性。但在高对称性体系中，扩散存在近似各向同性，只有在低对称性晶体中扩散才具有明显的方向性。

图 3-14 显示了 in1→in2 和 in1→in3 之间 V_O 的 ΔE_B 的计算结果。很明显，ΔE_B 大于 2.5 eV，远大于平面内的 ΔE_B。如此大的 ΔE_B 是由这些路径中氧原子之间的长扩散距离引起的，其大于 3.2 V_O^{2+}。然而，平面内的扩散距离为 2.25~2.60 Å。

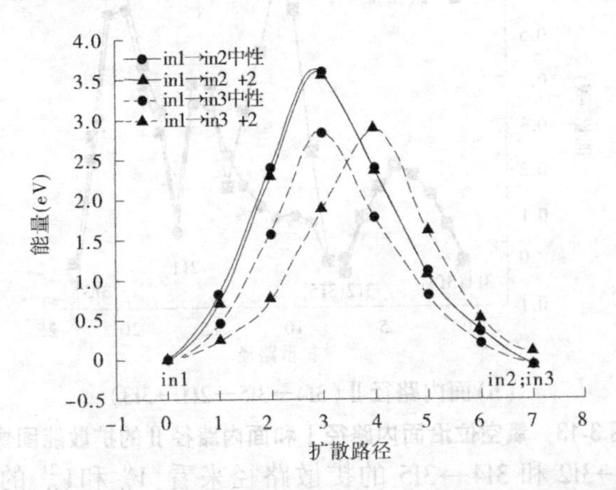

图 3-14　氧空位在 in1→2f1、in1→3f3 和 in1→3f1 路径平面间的扩散能图

图 3-15 展示了 V_O 在平面内与平面间扩散势垒 ΔE_B 结果。在此，选择 in1→2f1、in1→3f1 的路径。结果表明，in1→3f1 和 in1→2f1 的

ΔE_B 值分别为 0.86 eV 和大于 1 eV。分析表明，in1→3f1 的 ΔE_B 与平面间的 ΔE_B 之差小于 0.3 eV。

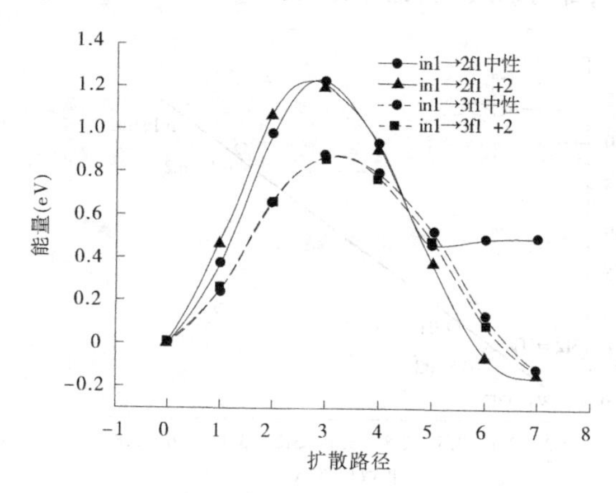

图 3-15　氧空位在 in1→3f1 平面间到平面内的扩散能图

扩散活化能决定了丝状物的形成和溶解的难度。对于 V_O^0，扩散路径Ⅰ和路径Ⅱ的最小激活能 $Q(Q=\Delta E_V+\Delta E_B)$ 分别为 1.02 eV 和 1.63 eV。这些结果与 Gries 等、Derek A. Stewart 等和 Nakamura 等的实验结果接近，但大于 Jiang 等的计算结果。

Gries 等测量了 L-Ta_2O_5 中氧扩散的高活化能为(1.6±0.18)eV。Derek A. Stewart 等预测了非晶钽氧化物中氧活化能为 1.55~1.60 eV。Nakamura 等发现，非晶钽的氧扩散活化能为(1.2±0.1)eV。这些研究的差异可以归因于沉积的孔隙、FILM 化学计量学或偏好形成纳米晶区的经验电位。Jiang 等用第一性原理法计算了 Ta_2O_5 中的有功能为 0.18~0.75 eV。作者认为，与 Jiang 等研究结果的区别主要在于修正带电氧空位 ΔE_V，以及考虑氧空位 ΔE_V 的 Q 计算。

由以上讨论可知，虽然氧空位的扩散是各向异性的，但扩散势垒与扩散位移密切相关。为了表征扩散势垒(ΔE_B)和扩散位移(d)之间的关系，图 3-16 显示了面内和面间中性氧空位的扩散位移和扩散势垒之间的数据。图中圆圈为计算扩散势垒值，直线为计算数据拟合曲线，拟合直线方程为 $\Delta E_B=2.28d-4.94$。由方程可知，扩散势垒与扩散位移之间存在线性关系。因此,无论是面内扩散还是面间扩散,只要扩散距离在一定范围内,都可以发生氧空位扩散。

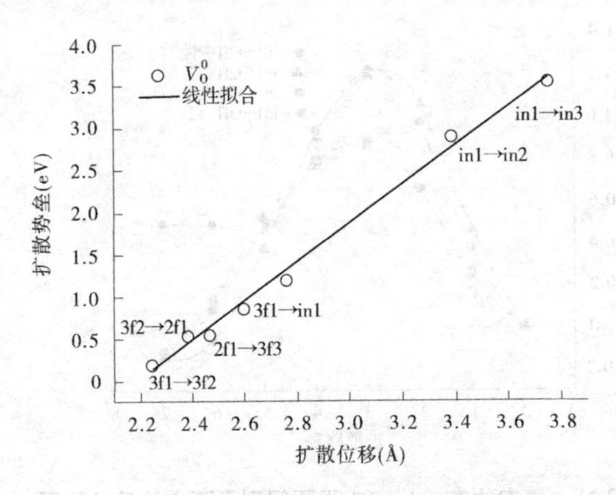

图 3-16　扩散势垒(ΔE_B)和中性氧空位扩散位移(d)之间的关系

然而,束缚在中性空位上的电子高度局域化,局域化长度为(2.4±0.4)Å。电荷密度随空位距离的增加呈指数下降。因此,根据这一规律并对比图 3-15 的结果,图 3-16 中圆圈是计算值,直线是计算数据的拟合曲线。从图 3-16 中可以知道,在 3f1→3f2、3f2→2f1、2f1→3f3 和 3f1→in1 的路径上容易形成导电丝,而在 in1→in2、in1→in3 路径上形成导电丝则困难得多。

3.7　小　结

本章研究了 λ-Ta_2O_5 中氧空位缺陷的形成能、扩散势垒和扩散活化能的性质以及带电氧空位缺陷的周期性修正。V_O^{2+}-3f、V_O^{2+}-2f 和 V_O^{2+}-in 的缺陷形成能分别为 0.83 eV、0.94 eV 和 1.16 eV。氧空位缺陷的扩散势垒结果表明,平面内的扩散势垒最小,in 的扩散势垒最大,平面内最容易形成氧空位导电丝。计算的扩散活化能与实验值比较接近,3f1→3f2 和 3f2→2f1 的扩散活化能分别为 1.05 eV 和 1.63 eV。

第 4 章　掺杂对氧离子扩散动力学的影响机制研究

4.1　引　言

神经元传输的信号称为神经脉冲或者动作电位，大多数细胞的动作电位在-10~100 mV。哺乳动物的神经细胞的动作电位为-70 mV，骨骼肌细胞的动作电位为-90 mV，人的红细胞的动作电位为-10 mV。目前性能优良的金属氧化物器件的操作电压大部分在 0.5~5 V，而生物神经元对信息处理的电位只有几十毫伏。这种差距将非常不利于类脑神经元模拟和大规模类脑神经网络的应用。为克服现有技术的不足，提供一种通过在 Ta_2O_5 薄膜中掺杂 Al，形成阻变层，降低氧离子在 Ta_2O_5 中的扩散势垒及阻变存储器的工作电压，并提高阻变存储器的阻态保持性能可调控且稳定性高的阻变存储器。

目前，研究人员已经探索了多种调控 RRAM 工作电压的方法。其中，引入掺杂剂和控制氧空位浓度是改善金属氧化物电子结构和 RRAM 性能的有效手段。

掺杂改善器件电压参数、阻态稳定性的研究现状。

中国科学院微电子所刘明团队研究了具有自掺杂效应的 Pt/HfO_2:Cu/Cu 电阻开关器件，与 Cu/HfO_2/Pt 相比，自掺杂器件表现出非常好的稳定性、数据保持特性以及快速的读写开关速度。北京大学康晋锋团队运用第一性原理计算对金属离子（Al、Ti、La）掺杂 ZrO_2 的氧空位形成能研究表明，基于 Al:ZrO_2 RRAM 器件的阻态均一性，比未掺杂的器件有明显提高。清华大学刘力锋团队研究了 Ga 掺杂 HfO_2 的 RRAM 器件，结果表明 Ga 掺杂之后的器件，其操作电压明显降低，且电压均匀性和阻态均匀性也有明显改善。

美国马萨诸塞大学的夏强飞和 J. Joshua Yang 团队联合惠普实验室 R. Stanley 团队，共同完成了基于 Ag 掺杂的 SiO_2 忆阻器，实现了可用于创建具有随机泄漏积分-触发动力学和可调积分时间的人工神经元，实现了迄今为止最接近真实神经元功能的电子突触。

从以上研究可以看出，掺杂对实现电子突触和稳定器件工作状态有积极的作用。

东北师范大学刘益春团队研究了 Ga 掺杂 RRAM 器件，Ga 的掺入使器件的状态保持特性得到明显改善，但与 Ga 掺杂 HfO_2 不同的是，掺杂之后操作电压升高。申请者运用第一性原理计算对 Ga 掺杂 Ta_2O_5 之后的氧原子迁移势垒研究发现，Ga 掺杂之后氧原子(0 价氧空位)的迁移势垒，由掺杂前的 0.89 eV 增加到 1.04 eV。0 价氧空位的形成能由掺杂前的 0.81 eV 增加到 0.97 eV。氧原子迁移势垒和氧空位形成能均明显增加，说明 Ga 的掺入，减小了氧空位浓度，降低了导电丝通道形成的可能性，这与他们研究结果中观察到的器件操作电压随掺杂剂量同步增加是一致的。

美国密歇根大学 Lu Wei D. 团队研究表明，将 Si 掺入阻变层材料 Ta_2O_5 之后，得到的 RRAM 表现出更稳定的电阻状态，认为 Si 的掺入改变了氧空位离子的跳跃距离和漂移速度，从而改善了器件性能。美国西部数据公司 Hao Jiang 等通过第一性原理计算研究认为，p 型掺杂剂(Al、Hf、Zr 和 Ti)可以降低形成电压、设定电压，并改善器件的保持性能，以及叶葱团队、代月花团队、陈伟团队等采用掺杂剂改善氧化物电子性能的研究结果。

这些研究结果表明，掺杂能够改善器件的操作电压和状态的稳定性，尤其是对导电通道的形成、保持和收缩等动力学过程，有积极影响。

4.2　计算方法和计算模型

利用基于密度泛函理论的第一性原理和维也纳从头算模拟软件包(VASP)计算了 n 型和 p 型掺杂 Ta_2O_5 中的氧空位缺陷形成能和氧离子扩散势垒。用投影增强波(PAW)方法计算了离子的实电子与价电子之间的相互作用。利用广义梯度近似(GGA)中的 Perdew-Burkc Ernzerhof 固体(PBE sol)泛函对交换关联能进行了处理。将平面波的截止能量设为 500 eV,每个原子力的收敛准则设为小于 1.0×10^{-4} eV/Å。

为了寻找最小能量路径,得到反应过渡态的精确构型,我们在 VASP 包中加入了 Henkelman 小组开发的 NEB(CI-NEB)过渡态计算程序。CI-NEB 是 NEB 的一个改进版本,它的突出之处在于当鞍点附近的构型不受弹簧力的影响时,它会自由地松弛到精确过渡态的位置,以获得最真实的过渡态总能量。

我们在研究中计算了中性氧空位(V_O^0)和失去两个电子的氧空位(V_O^{2+})的扩散势垒高度。首先对初始状态和最终状态的结构进行优化,然后利用 VASP 程序的过渡态工具对初始状态和最终状态进行插值。插值点数越大,则表示最终能量值越接近最高能量值。一般来说,初始状态和最终状态之间的 8 点可以满足计算要求。所有的过渡态计算都用 8 点插值。经过计算,确定了 8 个点的能量,通过搜索得到的过渡态为最高能量态。然后分别取点进行频率分析,修正零点能量,减小 ΔE_B 的误差,然后减去最大能量状态和初始能量状态,能量差即为缺陷的 ΔE_B。

4.3　p 型掺杂对氧离子扩散动力学的影响

4.3.1　$Ta_{2-x}Al_xO_5$ 阻变存储层制备

性能可调控且稳定性高的阻变存储器,包括自下而上依次设置的衬底、底电极、阻变层和顶电极,阻变层是掺杂有 Al 的 Ta_2O_5 薄膜,其厚度为 5~200 nm,底电极和顶电极分别为金属 W 和 Au,衬底材料为 $Ti/SiO_2/Si$;通过铝元素对 Ta_2O_5 掺杂,通过掺杂改变 Ta_2O_5 中氧空位的形成能和扩散势垒能,进而改变氧空位扩散激活能,实现对氧空位的扩散激活能的调控,进而对器件的工作电压进行调控,降低工作电压,并提高阻变存储器的阻态保持性能。

实验步骤如下所述。

步骤 1:对 $Ti/SiO_2/Si$ 衬底清洗。

步骤 2:使用电子束蒸发一层 Au 薄膜,形成底电极(2),具体沉积参数为:真空度为 5×10^{-4} Pa,轰击电流为 150 mA,基底温度为 180 ℃,基片转速 6 r/s,电子束电压 6 kV。

步骤 3:利用射频磁控溅射技术,使用 Al 掺杂的 Ta_2O_5 靶材在 Au 薄膜上沉积 Ta_2O_5:Al 薄膜,并遮挡部分区域作为底电极;厚度为 20 nm;沉积工艺为:沉积前,腔室真空度在 1×10^{-5} Pa;沉积过程中:腔室气压保持在 3 Pa,氧分压控制在 10%,沉积温度 200 ℃,沉积功率 75 W,沉积时间 25 min,形成阻变层(3)。

步骤 4:使用磁控溅射技术,在阻变层 3 上沉积一层金属 W,形成顶电极(4)。沉积技术为射频磁控溅射,初始真空度 5×10^{-4} Pa,工作气体为纯度 99.99%的氩气,溅射功率均为 200 W,工作气压 1.0 Pa,溅射沉积 30 min 获得 W 薄膜。形成顶电极(4),如图 4-1 所示。

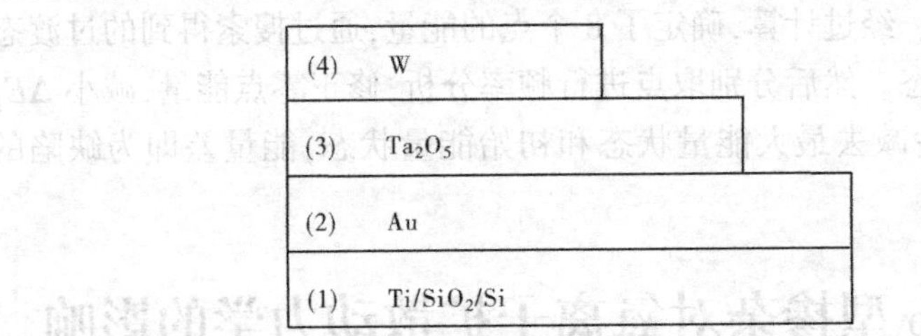

图 4-1　性能可调控且稳定性高的阻变存储器的结构示意图

4.3.2　$Ta_{2-x}Al_xO_5$ RRAM 器件操作电压分析

对制备的未掺杂的阻变存储器进行测试,测试结果如图 4-2 所示。测试结果表明该阻变存储器的正向电阻转变电压在 0.8 V 左右,负向转变电压在-2 V 左右。

对制备的阻变存储器进行测试,测试结果如图 4-3 所示。测试结果表明,该阻变存储器的正向电阻转变电压在 0.3 V 左右,负向电阻转变电压在-0.5 V 左右。

按照上述步骤和参数制作未掺杂的阻变存储器,形成对比例子,不

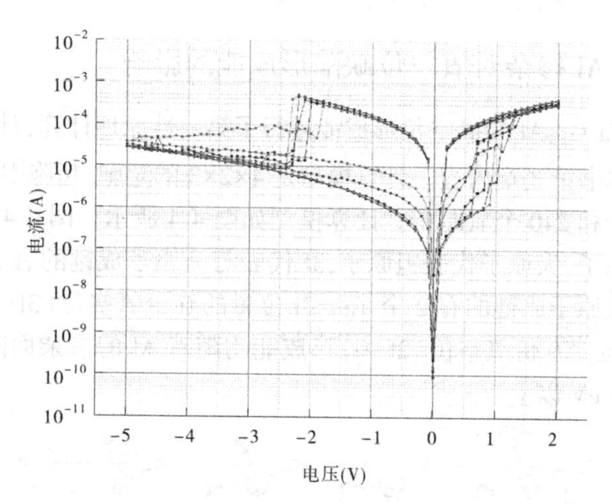

图4-2　未掺杂阻变层 Ta_2O_5 阻变存储器 $W/Ta_2O_5/Au$ 电流-电压测试结果

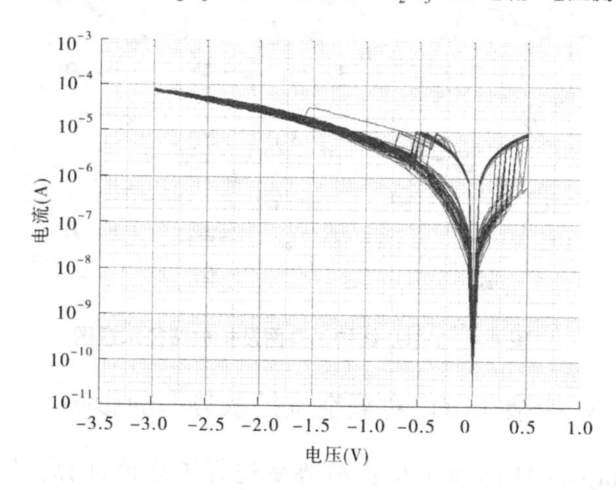

图4-3　掺杂 Al 阻变层 Ta_2O_5 阻变存储器 W/Ta_2O_5:Al/Au 电流-电压测试结果

同的是,阻变存储器中,使用未掺杂的 Ta_2O_5 靶材在 Au 薄膜上沉积 Ta_2O_5 薄膜,形成阻变层3,形成未掺杂的阻变存储器。

测试结果表明,通过对阻变层 Ta_2O_5 进行 Al 掺杂,正向和负向的电阻转变电压有明显降低。

4.3.3　Al 掺杂对氧空位缺陷形成能的影响

对 Ta_2O_5:Al 的氧空位形成能进行了第一性原理计算,计算方法和细节见本书第 3 章内容。计算模型是 4×2×3 的超胞,超胞中一共有 96 个钽原子和 240 个氧原子。计算模型如图 4-4 所示。图 4-4 中小原子代表氧原子,大原子代表钽原子,3f 代表与氧原子成键的有 3 个 Ta,2f 代表与氧原子成键的有 2 个 Ta。3f 位置的 0 价氧空位(3f-0)的形成能和 2f 位置 0 价氧空位(2f-0)形成能均随着 Al 的掺杂而降低,下降幅度在 4 eV 以上。

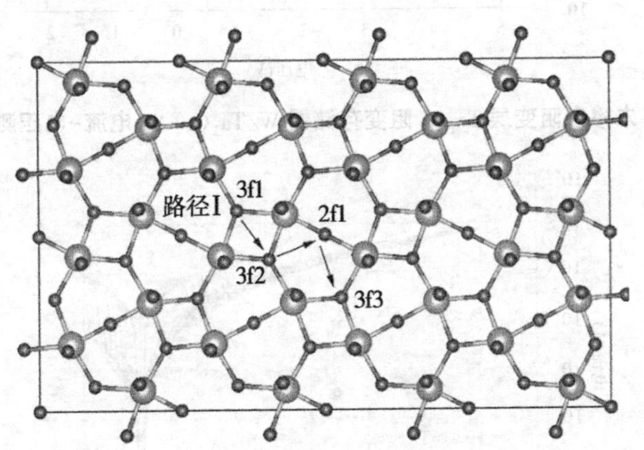

图 4-4　Ta_2O_5 结构示意图及扩散路径示意图

4.3.4　Al 掺杂 Ta_2O_5 对氧空位扩散势垒的影响

对 Ta_2O_5:Al 的氧空位扩散势垒进行了理论计算,计算结果如图 4-5 所示。氧空位按照 3f1→3f2→2f1→3f3 扩散路径进行计算。图 4-5 中的 0Al-0jia 代表掺杂浓度为 0 的 Ta_2O_5 中 0 价氧空位的扩散势垒,1Al-0jia 代表用 Al 替换 96 个 Ta 原子中的一个计算得到的氧空位形成能。类似的,2Al-0jia、3Al-0jia、4Al-0jia 分别代表替换其中的 2 个、3 个、4 个 Ta 原子而得到的掺杂浓度。计算结果表明,随着掺杂浓度的增加,氧空位扩散势垒逐渐变大,从 3f1→3f2 路径中可以看出,扩散势垒从未掺杂的0Al-0 jia的0.2 eV变为掺杂浓度为4Al-0jia的0.6 eV,增加0.4 eV。其他扩散路径扩散势垒均有所增加,增加幅度为0.2~0.5 eV。

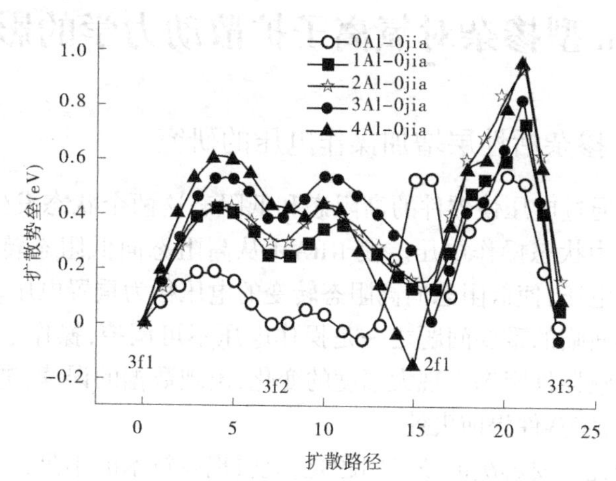

图4-5　Al掺杂Ta_2O_5扩散势垒随掺杂浓度变化的结果

阻变存储器实现存储数据的物理基础是阻变层的电阻状态实现高阻态和低阻态,分别对应二进制的“0”和“1”。低阻态对应阻变存储器中导电通道的形成,高阻态对应阻变存储器中导电通道的断开。导电通道是氧空位形成的具有高导电性的微观通道。在形成导电通道之前,氧空位随机分布在阻变层中,形成导电通道靠的是氧空位的移动或扩散,氧空位从一个晶格氧位置扩散到邻近晶格氧位置所需要的能量为扩散激活能。扩散激活能等于氧空位形成能与扩散势垒之和。根据以上的分析可知,掺杂之后,氧空位扩散激活能显著降低。

本部分中提出一种使阻变存储器操作电压降低的器件结构和方案,器件包括自下而上依次设置的衬底、底电极、阻变层和顶电极,阻变层是掺杂有Al的Ta_2O_5薄膜,其厚度为5~200 nm,底电极和顶电极分别为金属W和Au,衬底材料为$Ti/SiO_2/Si$;实验方案是通过铝元素对Ta_2O_5掺杂,通过掺杂改变Ta_2O_5中氧空位的形成能和扩散势垒能,进而改变氧空位扩散激活能,实现对氧空位的扩散激活能的调控,进而对器件的工作电压进行调控,降低工作电压,并提高阻变存储器的阻态保持性能。

4.4　n 型掺杂对氧离子扩散动力学的影响

4.4.1　W 掺杂活性层增加操作电压的研究

RRAM 通过电压使器件的高阻态和低阻态这两个状态发生改变,这个电压称为状态操作电压。使 RRAM 从高阻态向低阻态转变的电压称为设置电压,使低阻态向高阻态转变的电压称为重置电压。目前,RRAM 应用面临的重要问题之一是操作电压不可调控,操作电压不可调控将会导致器件阻态出现大幅度的变化,出现数据的误读,进而影响 RRAM 寿命,使器件提前失效。

本节研究所要解决的技术问题是:克服现有技术的不足,提供一种通过在 Ta_2O_5 薄膜中掺杂 W,形成阻变层,增加氧离子在 Ta_2O_5 中的扩散势垒和阻变存储器的操作电压,并通过控制掺杂量达到调控阻变存储器操作电压的目的。

4.4.2　$Ta_{2-x}W_xO_5$ 阻变存储层制备

操作电压可调控的阻变存储器,包括自下而上依次设置的衬底、底电极、阻变层和顶电极,阻变层是掺杂有 W 的 Ta_2O_5 薄膜,其厚度为 5~200 nm,底电极和顶电极分别为金属 W 和 Au,衬底材料为 $Ti/SiO_2/Si$;通过 W 元素对 Ta_2O_5 掺杂,通过掺杂改变 Ta_2O_5 中氧空位的形成能和扩散势垒,进而改变氧空位扩散激活能,实现对氧空位扩散激活能的调控,进而对器件的工作电压进行调控,增加操作电压,并实现操作电压可控的目的。

衬底、底电极、阻变层和顶电极自下而上依次设置,其中阻变层是掺杂有 W 的 Ta_2O_5 薄膜,其厚度为 5 nm,W 的摩尔掺杂浓度为 1%;底电极和顶电极分别为金属 W 和 Au,底电极的厚度为 10 nm,顶电极的厚度为 50 nm;衬底材料为 $Ti/SiO_2/Si$。

按照上述步骤和参数制作未掺杂的阻变储存器,形成对比例子,不同的是,阻变存储器中,使用未掺杂的 Ta_2O_5 靶材在 Au 薄膜上沉积 Ta_2O_5 薄膜,形成阻变层 3,形成未掺杂的阻变存储器,如图 4-6 所示。

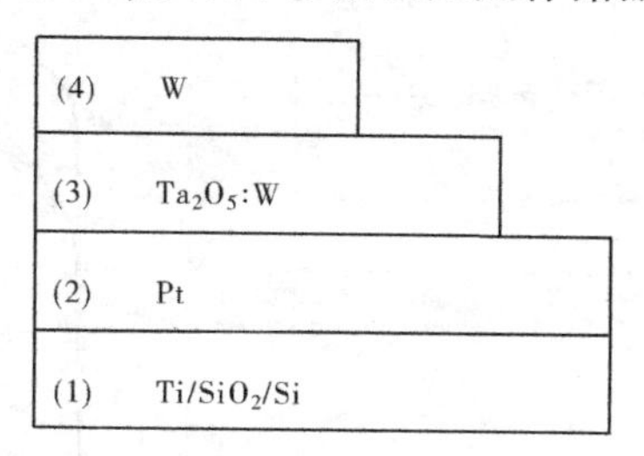

图 4-6　操作电压可调控的阻变存储器的结构示意图

4.4.3　$Ta_{2-x}W_xO_5$ RRAM 器件操作电压分析

对制备的未掺杂的阻变存储器进行测试,测试结果如图 4-7 所示。测试结果表明,该阻变存储器的电阻正向转变电压在 0.8 V 左右,负向转变电压在-2 V 左右。

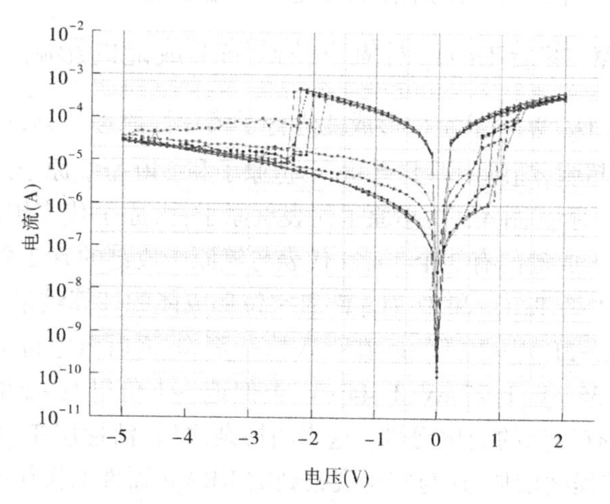

图 4-7　未掺杂阻变层 Ta_2O_5 阻变存储器 $W/Ta_2O_5/Au$ 电流-电压测试结果

对制备的 Ta_2O_5:W 阻变存储器进行测试,测试结果如图 4-8 所示。测试结果表明该阻变存储器的正向电阻转变电压在 1.27 V 左右,负向电阻转变电压在-2.5 V左右。

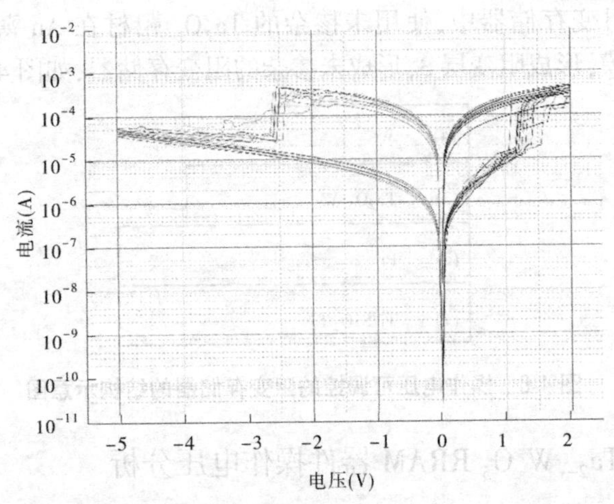

图 4-8 掺杂 W 阻变层 Ta_2O_5 阻变存储器 W/Ta_2O_5:W/Au 电流-电压测试结果

测试结果表明,对比未掺杂的 RRAM 器件,阻变层 Ta_2O_5 进行 W 掺杂之后,正向和负向的电阻转变电压都增加了 0.5 V 左右。

4.4.4 W 掺杂 Ta_2O_5 对氧空位缺陷形成能的影响

对 Ta_2O_5:W 的氧空位形成能进行了第一性原理计算,计算模型是 4×2×3 的超胞,超胞中一共有 96 个钽原子和 240 个氧原子。计算模型如图 4-9 所示。图 4-9 中小原子代表氧原子,大原子代表钽原子,3f 代表与氧原子成键的有 3 个 Ta,2f 代表与氧原子成键的有 2 个 Ta。

表 4-1 是 Ta_2O_5 和 Ta_2O_5:W 氧空位形成能的计算结果。表 4-1 结果表明,V_O-2f,V_O-3f,V_O-in 在引入掺杂剂 W 之后氧空位形成能分别增加了 0.38 eV、1.27 eV、1.44 eV,类似地,+1 价以及+2 价的氧空位形成能也有类似的变化规律。这表明掺杂之后,活性层 Ta_2O_5:W 形成 V_O 的困难程度增加,这与实验观察到的 RRAM 器件的操作电压升高是一致的。

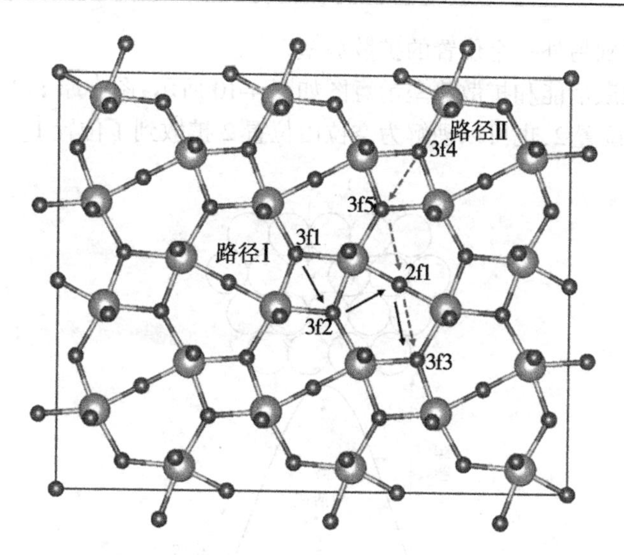

图 4-9 Ta_2O_5 结构示意图及氧空位扩散路径示意图

表 4-1 Ta_2O_5 和 Ta_2O_5:W 氧空位形成能 (单位:eV)

缺陷状态		0 价	+1 价	+2 价
V_O-2f	未掺杂	5.66	3.03	0.94
	W 掺杂	6.08	4.30	2.38
V_O-3f	未掺杂	4.20	2.95	0.83
	W 掺杂	4.76	4.34	2.46
V_O-in	未掺杂	5.41	3.08	1.16
	W 掺杂	5.38	4.55	2.64

4.4.5 W 掺杂 Ta_2O_5 对氧空位扩散势垒的影响

我们还对氧空位在活性层中的扩散难易程度进行了研究。氧空位扩散难易程度用经典的热力学公式:

$$E_a = E_V + E_b$$

式中:E_a 为氧空位扩散激活能;E_V 为氧空位的形成能;E_b 为氧空位从

一个位置到另外一个位置的扩散势垒。

扩散激活能和扩散势垒示意图如图 4-10 所示,图中原子 A 由位置 1 扩散到位置 2,也可以理解为空位由位置 2 扩散到了位置 1。

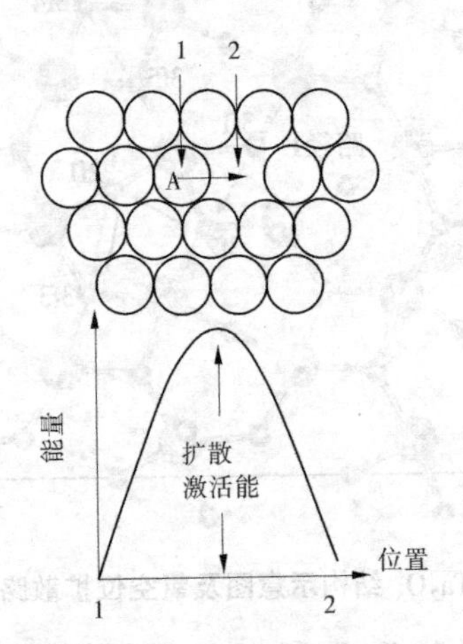

图 4-10　空位扩散机制示意图

导电通道是氧空位形成的具有高导电性的微观通道。在形成导电通道之前,氧空位随机分布在阻变层中,形成导电通道靠的是氧空位的移动或扩散,氧空位从一个晶格氧位置扩散到邻近晶格氧位置所需要的能量为扩散激活能。阻变存储器实现存储数据的物理基础是阻变层的电阻状态实现高阻态和低阻态,分别对应二进制的“0”和“1”。低阻态对应阻变存储器中导电通道的形成,高阻态对应阻变存储器中导电通道的断开。

我们对 Ta_2O_5:W 的氧空位扩散势垒进行了理论计算,计算结果如图 4-11 所示。氧空位按照 3f1→3f2→2f1→3f3 扩散路径进行计算。图中的 0W-0jia 代表掺杂浓度为 0 的 Ta_2O_5 中 0 价氧空位的扩散势垒;1W-0jia 代表用 W 替换 96 个 Ta 原子中的一个,计算得到的氧空位形成能。类似地,2W-0jia、3W-0jia、4W-0jia 分别代表替换其中的 2 个、3 个、4 个 Ta 原子而得到的掺杂浓度。

从扩散势垒计算结果可以看出,引入掺杂剂 W 后,0 价氧空位的

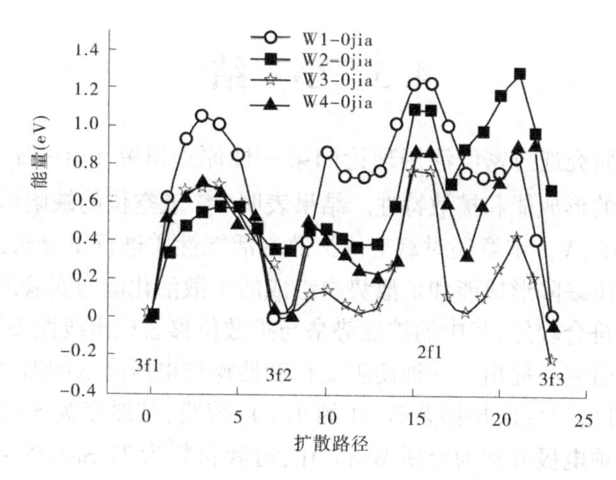

图 4-11 W 掺杂 Ta_2O_5 扩散势垒随掺杂浓度变化的结果

扩散势垒降低，下降幅度随扩散路径不同略有差异，下降幅度在 0.14~0.52 eV，并且随着掺杂浓度增加扩散势垒是下降的。考虑到扩散激活能等于扩散势垒与氧空位形成能之和，且平面内氧空位缺陷的形成能大小在 0.38~1.27 eV，而大于扩散势垒 0.14~0.52 eV 的变化区间，因此根据以上分析可知，掺杂 W 后扩散激活能也是增加的，并且随着掺杂浓度增加是逐步增加的。

在阻变存储器中，氧空位扩散的难易程度，即扩散激活能直接与操作电压呈现正相关。

本节内容通过在活性层中掺入 W 元素，使器件操作电压可调控地升高。类似地，器件包括自下而上依次设置的衬底、底电极、阻变层和顶电极，阻变层是掺杂有 W 的 Ta_2O_5 薄膜，其厚度为 5~200 nm，底电极和顶电极分别为金属 W 和 Au，衬底材料为 $Ti/SiO_2/Si$；实验方案是通过 Al 元素对 Ta_2O_5 掺杂，通过掺杂改变 Ta_2O_5 中氧空位的形成能和扩散势垒，进而改变氧空位扩散激活能，实现对氧空位的扩散激活能的调控，进而对器件的工作电压进行调控，降低工作电压，并提高阻变存储器的阻态保持性能。

4.5 小 结

本章研究通过密度泛函理论的第一性原理研究了 λ-Ta_2O_5 中氧空位缺陷的形成能和扩散特性。结果表明 V_O^{2+} 氧空位的缺陷形成能为 0.83~1.16 eV。本章还对氧空位扩散激活能性质进行了分析,结果表明由氧空位缺陷形成能和扩散势垒组成的扩散活化能与实验测得的扩散活化能符合较好,其中的扩散势垒与扩散位移表现出线性关系。

本章研究还提出了一种使阻变存储器操作电压降低的器件结构和方案,器件的阻变层是掺杂有 Al 的 Ta_2O_5 薄膜,其厚度为 5~200 nm,底电极和顶电极分别为金属 W 和 Au,衬底材料为 Ti/SiO_2/Si;通过 Al 元素对 Ta_2O_5 掺杂,通过掺杂改变 Ta_2O_5 中氧空位的形成能和扩散势垒,进而改变氧空位扩散激活能,实现对氧空位的扩散激活能的调控,进而对器件的工作电压进行调控,降低工作电压,并提高阻变存储器的阻态保持性能。

类似地,本章研究还通过 W 元素对 Ta_2O_5 掺杂,通过掺杂改变 Ta_2O_5 中氧空位的形成能和扩散势垒,改变氧空位扩散激活能,实现对氧空位的扩散激活能的调控,进而对器件的操作电压的增加进行了可控调节。

第5章　一维肖特基势垒电阻开关存储器研究

5.1　引　言

光电子器件的应用从简单的家庭用品到多媒体通信系统、计算机，再到医疗系统，无不对人们的生活起着重要的影响。基于未来对光电子器件小型化和功能化的需求，人们对纳米级的电子和光电子的需求是一个不断增长的状态，以期待研究人员能够研发出更小且多功能的光电子器件。而半导体纳米线作为众多纳米材料中一个极具应用前景并且生长合成容易控制等多方面的因素成为其中一个强有力的竞争对手正受广泛研究，所以基于半导体纳米线构筑的光电子器件更是得到越来越多的研究人员的关注。图5-1是利用有机半导体P3HT和QT与单根ZnO纳米线复合以形成异质p-n结。通过P3HT和QT修饰后的有机、无机半导体异质光伏器件的光吸收效率明显得到了提高，并分别对其太阳能电池参数进行了表征。图5-1(a)为ZnO/有机半导体纳米线光伏器件结构示意图，图5-1(b)、(c)分别为利用EBL技术构筑得到ZnO、QT器件的SEM图像和电流-电压特征曲线。

纳米线场效应晶体管相对于同种材料的块体或者薄膜器件具有更高的载流子迁移率，使得纳米线场效应晶体管在显示器件方面具有潜在的应用前景。图5-2为Sanghyun等在玻璃和柔性基底上制备的具有光学透光性和机械柔软性等特征的In_2O_3和ZnO场效应晶体管，以期在像素开关和驱动有源矩阵有机电致发光显示(OLED)领域能够有所应用。图5-2(a)为透明的纳米线场效应晶体管横截面示意图，其中缓冲层SiO_2厚度500 nm，栅极IZO厚度120 nm，Al_2O_3绝缘极厚度18 nm，图5-2(c)、(d)分别为基于In_2O_3和ZnO构筑的透明场效应晶体管SEM图。

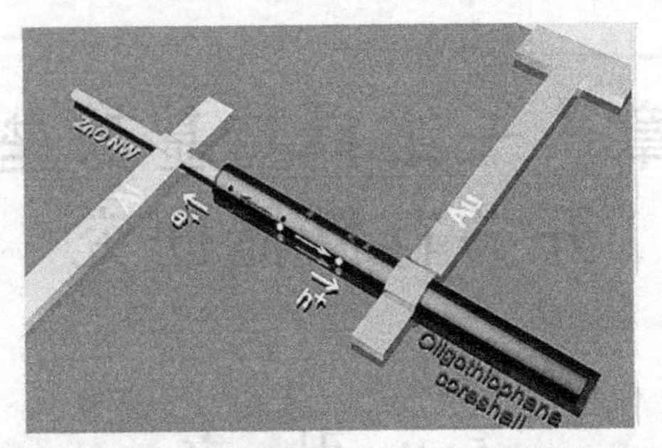

(a)ZnO/有机半导体纳米线光伏器件结构示意图

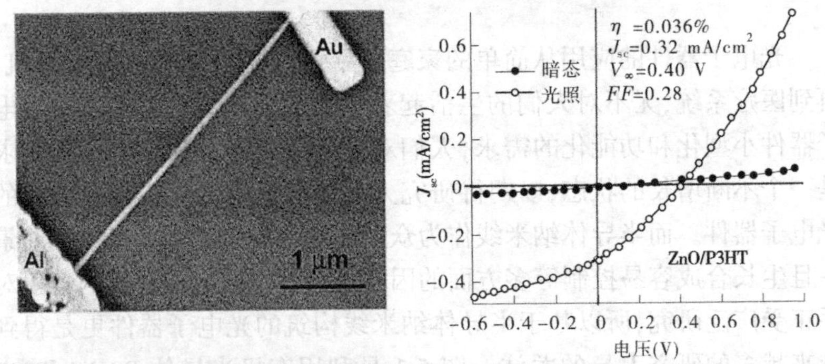

(b)ZnO器件的SEM图像和电流-电压特征曲线

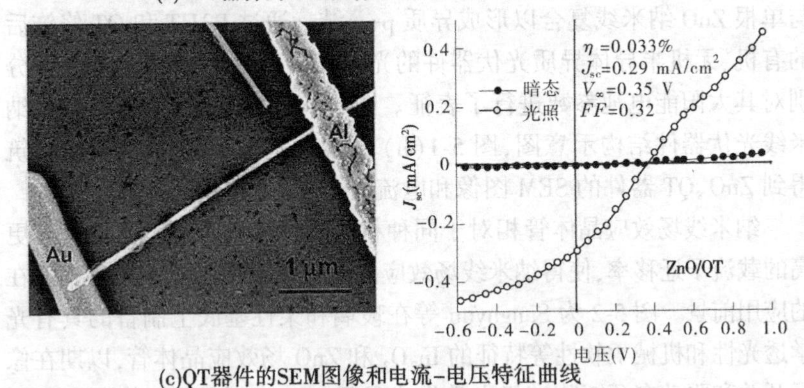

(c)QT器件的SEM图像和电流-电压特征曲线

图 5-1　单根 ZnO 纳米线光伏器件和性能分析

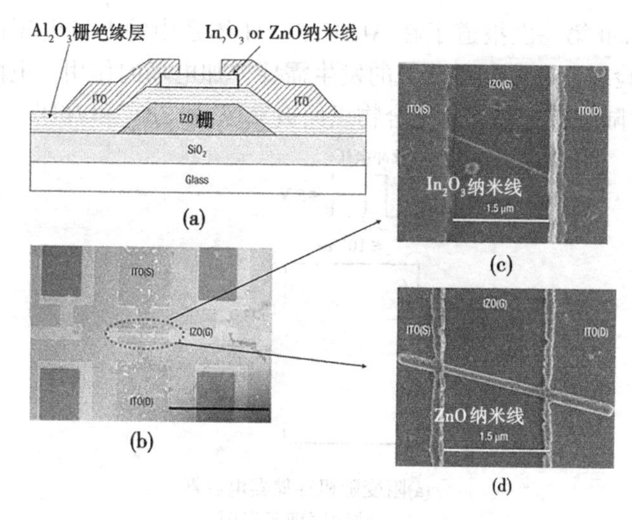

图 5-2　氧化物纳米线效应晶体管

半导体纳米线、纳米晶以及碳纳米管等无论是采用自上而下的组装技术还是采用自下而上的组装技术，作为构建纳米级的电子和光子器件具有众多独特的优势。并且这些纳米功能材料在构筑纳米级光电子器件的同时需要比现在微电子学领域更高精度的设备，这又在很大程度上促进了现有光电子制造技术的发展。

近年来，阻变随机存储作为一个新兴的存储技术受到人们的关注。目前在金属氧化物、有机化合物等材料中都报道有电阻开关现象。其中电阻开关随机存储记忆单元结构就像一个电容器结构，中间是半导体或者绝缘体，上下两面是金属，作为器件的电极，示意图如图 5-3 所示[图 5-3(a)为阻变随机存储器电容器结构原理示意图，中间氧化物一般为绝缘体或者是半导体材料，上下为金属电极。图 5-3(b)为交叉型忆阻型结构，其中每一个交叉点对应一个独立存储单元]，由于其结构简单，而备受关注，并且一些基于高密度交叉点和多重态存储结构的设想也已经被提出来。在电阻开关现象中，电阻值在一脉冲电压下发生改变，并且电阻值的改变量可以通过设定一个合适的脉冲电压值实现，最近的研究表明，电阻状态的转变速度可以达到纳秒数量级。在这些表现出电阻开关现象的材料中，氧化物材料被研究的最多。在 1962

年,Hickmott 第一次报道了在 $Al/Al_2O_3/Al$ 体系中的电流电压回线性质,其实验现象表明电阻开关的发生需要外加电场的作用。电阻开关现象随后陆续在一些二元化合物里面被发现,如 SiO_2 和 NiO。

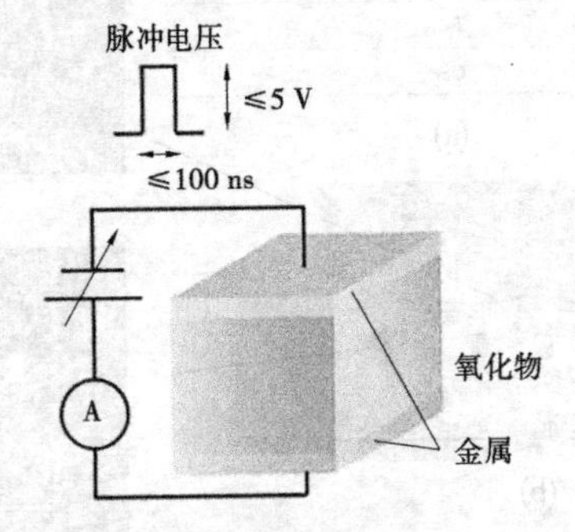

(a)阻变随机存储器电容器结构原理示意图

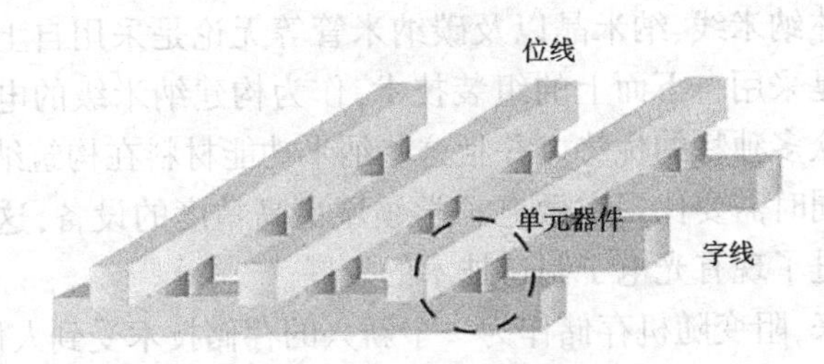

(b)交叉型忆阻型结构

图 5-3 阻变存储器模型

为解释其中阻变存储机制,一些模型纷纷被相继提出,其中具有代表性的有如下几种:电荷陷阱模型、导电丝模型、畴隧穿模型、肖特基势垒模型。在 20 世纪 60 年代和 80 年代研究人员主要关注的是二元金属氧化物,在 90 年代,Asamitsu 等报道基于 PCMO 电阻开关性质之后,复杂的过渡金属氧化物(比如钙钛矿型磁性化合物)便成为研究人员的关注对象。最近电阻开关原型器件分别被 Sharp Corporation、Samsung 以及一些大学研究所制造出来。但是关于电阻开关的一个重要问题,即开关机制目前还没有被研究清楚,所以它的发展相对于铁电随机存储、磁性随机存储、极化随机存储来说发展得相对慢些,而这些也很有可能成为下一代非易失性存储元件。

电阻开关现象在如 PCMO, Cr 掺杂的 $SrZrO_3$、$SrTiO_3$、NiO_2、TiO_2、Cu_2O 等基于三元化合物和二元化合物的金属-氧化物-金属中被发现,但观察到的电阻开关现象似乎因材料不同而现象不同。不过从得到的电流-电压曲线上来看,开关行为可以被分为两种类型:一种是单极型,另一种是双极型。在单极型电阻开关过程中,开关的方向依赖于所加电压的幅度而不是所加电压的极性,即器件在初始时处于高阻态(HRS),通过加一定大小的偏置电压可以使其转变为低阻态(LRS)。这一过程一般称为器件的形成过程,也就是在正常工作之前,先要经历一个初始化的过程。在形成过程之后存储单元可以通过施加一个阈值电压使其重新转变为高阻态,这个过程一般称作重置过程。在存储单元由高阻态到低阻态的转变的重置过程中,所加的偏压一般要大于形成电压。一般单极型的电阻开关现象多在绝缘金属氧化物中观察到,如双极型金属氧化物。

而双极型电阻开关呈现出的开关方向依赖于所加电压的极性。这种类型的电阻开关现象多发生在半导体氧化物中,比如复杂的钙钛矿结构。

由于未来对非易失性高密度存储元件的要求,基于一维纳米材料的存储元件的研究受到广泛关注,而目前关于一维材料非易失性存储的研究报道的还比较少,图 5-4 是 Chang 等发表的关于一维 ZnO 纳米棒阵列电阻开关行为的成果。

他们首先在 ITO 上生长 ZnO 纳米棒阵列(NRs),然后在阵列顶端沉积 Pt 作为电阻开关器件的电极。实验表明在经历了大约为 0.72 V 的正向形成电压之后,器件表现出电流回线特性,其中重置电压为 0.59 V。不过从实验数据来看,器件的高低阻态的窗口很小,只有一个数量级多。而且相关文献中没有提到电阻开关的开时间和关时间。他们认为 ZnO NRs 电阻开关机制与其表面的氧空位或者锌间隙在电场的作用下沿着 NRs 竖直的方向运动形成类似于导电丝的通道有关。

由于一维纳米线各种独特的性质,一直受到研究人员的关注,并且

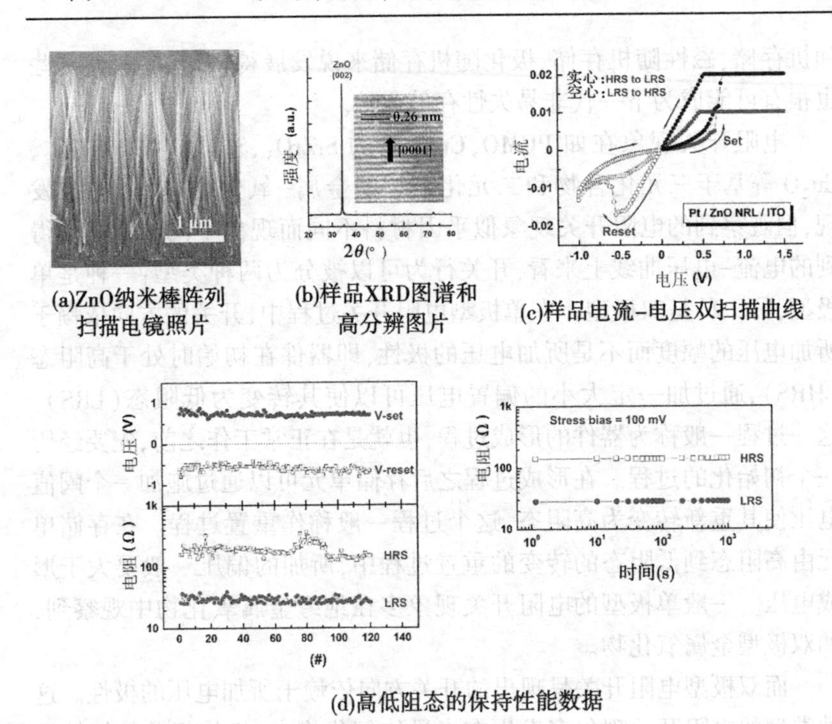

(a)ZnO纳米棒阵列扫描电镜照片　(b)样品XRD图谱和高分辨图片　(c)样品电流-电压双扫描曲线

(d)高低阻态的保持性能数据

图 5-4　ZnO 纳米棒阻变性质测试结果

基于纳米线构筑的各种光电子器件在近十年已被广泛的研究。为适应未来对存储器件的存储密度要求,需要研究人员开发新型高密度存储元件。

图 5-5 是 Nagashima 等构筑得到的单根 MgO/Co_3O_4 纳米线多重态非易失性存储元件,其中核壳结构 MgO/Co_3O_4 纳米线的合成是首先利用 Au 催化剂辅助的气-液-固生长方法在高温管式炉里面合成得到 MgO 纳米线,然后利用脉冲激光沉积(pulsed laser deposition)方法在 MgO 表面沉积大约 20 nm 厚度的 Co_3O_4。

图 5-5(a)为 MgO/Co_3O_4 异质结构场发射电子显微镜照片;图 5-5(b)为相应的透射电镜,高分辨和选区电子衍射照片。

其中器件的开关时间分别为 500 μs (15 V)和 200 μs (3 V),高阻态和低阻态的读取窗口最大值约为 1 000 倍。他们认为这种单根核壳

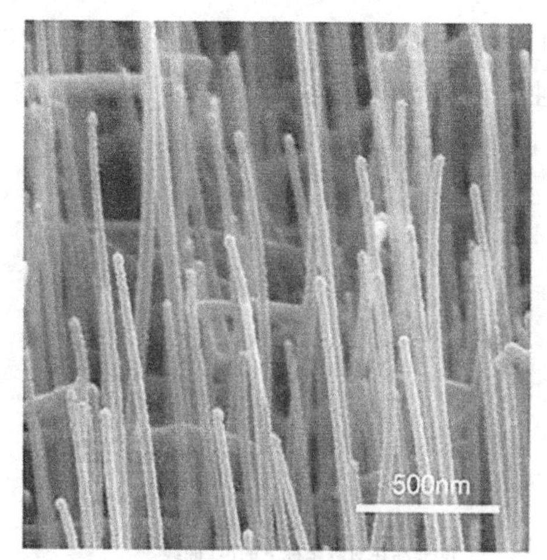

(a)MgO/Co_3O_4异质结构场发射电子显微镜照片

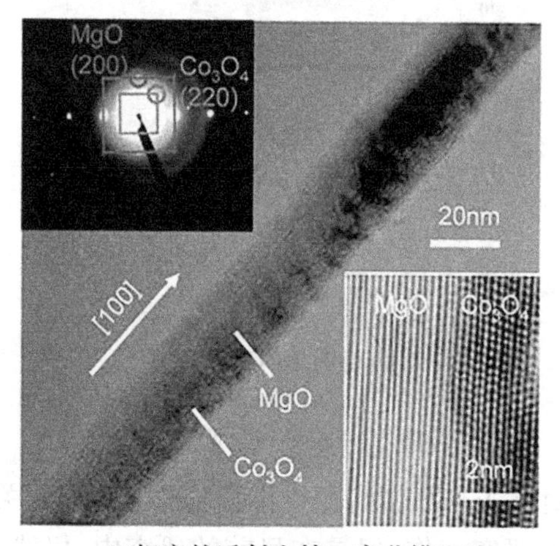

(b)相应的透射电镜，高分辨和选区电子衍射照片

图5-5 Mg/Co_3O_4 形貌和结构表征

结构 MgO/Co_3O_4 纳米线中的双极型电阻开关(bipolar resistive switch)现象可能与电化学氧化还原形成的纳米级导电丝通道有关。因为 Co_3O_4 是p型半导体,其导电通道可能是由富集的氧构成的,结果如

图 5-6 所示。图 5-6(a) 为样品在对数坐标下的 $I-V$ 曲线，其中插图为通过电子束刻蚀方法得到的单根 MgO/Co_3O_4 结构的四电极样品的 SEM 图；图 5-6(b) 为器件的周期保持数据。

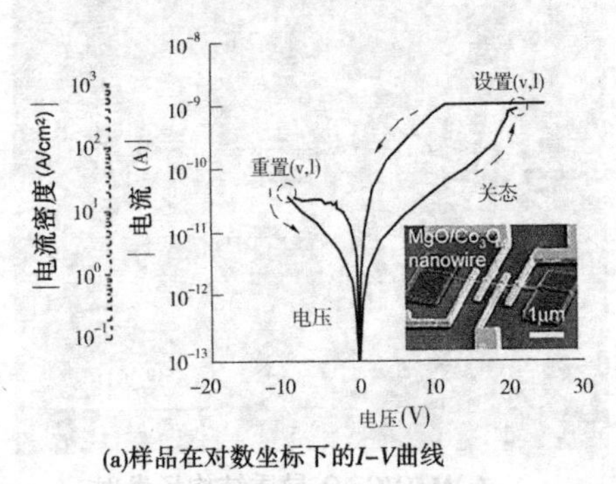

(a)样品在对数坐标下的 $I-V$ 曲线

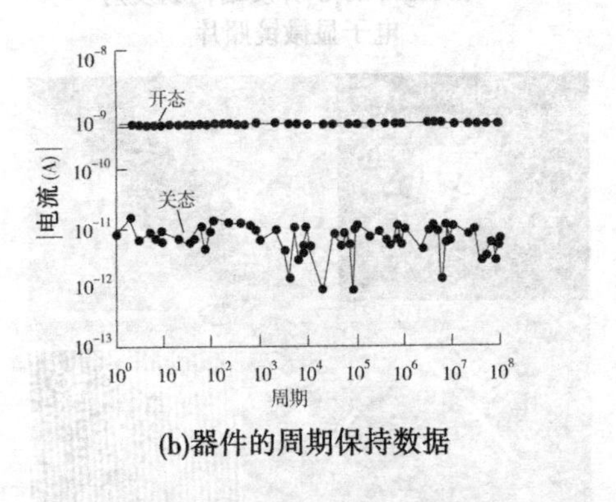

(b)器件的周期保持数据

图 5-6　Mg/Co_3O_4 阻变特性

尽管人们对基于半导体纳米线肖特基势垒电阻开关随机存储开展了许多有意义的研究工作，但是在目前的研究中，仍然有许多问题，有待我们解决。

对于肖特基势垒在电阻开关随机存储器中作用的认识有待于深入。由前面介绍知道，现在多认为纳米线电阻开关现象是由于纳米线体内发生电化学变化引起的。但是由于纳米线具有丰富的表面态等不同于块体和薄膜材料等特点，基于纳米线构筑的阻变存储元件的工作机制将与基于传统体相材料会有很大不同,尤其是肖特基势垒在反向偏置下,结内强电场导致界面态发生怎样的变化,反过来又会对肖特基势垒结构造成什么样的影响,进而对电阻开关的性能参数会有什么样的影响,都有待于进一步深入研究。

相比于电子束刻蚀和聚焦离子束刻蚀技术来构筑单根半导体纳米线光电子器件的方法相比,电场组装是一种更方便、高效的手段。我们以此为实验途径来构筑一维光电子器件,并探索对纳米线肖特基势垒调控的方法,为发展新型肖特基势垒光电子器件奠定基础。

在本章中,我们通过 ZnO 纳米线电阻开关的电流-电压回线特征来研究其在电阻状态变化前后的电流输运特征,研究电流变化机制。通过相同脉冲时间下不同幅值脉冲电压对开关前后电阻变化来研究反向偏置肖特基势垒结内电场大小对开过程的影响,揭示氧空位移动与所需脉冲电压的关系。通过同一脉冲电压下不同脉冲时间对正向偏置肖特基势垒电场结内电场大小以及对关过程的影响,揭示氧空位移动与脉冲时间的关系。然后通过对高、低阻态随时间变化的特征,研究电阻开关保持性能,并在此基础上提出了基于界面氧空位浓度对肖特基势垒调控的纳米线电阻开关存储机制模型。

5.2　一维阻变材料制备和表征

ZnO 纳米线由于其优越的性能,受到人们的广泛研究。其中包括制备方法的研究、光学性质的研究、电学性质的研究及其光电性质的研究。ZnO 纳米线的合成方法很多,由于高温化学气相沉积方法得到的 ZnO 具有很好的结晶性,所以本书实验所采用的 ZnO 纳米线都是通过气-液-固(Vapour-Liquid-Solid,VLS)生长方法得到的。

然后利用在位电场组装方法把合成得到的纳米线通过介电泳力分别组装到 Au 对电极和四电极上。

5.2.1 ZnO 纳米线前躯体的合成

合成方法分为两步:首先合成制备 ZnO 纳米线所需要的前躯体——ZnO 粉末。然后利用第一步合成得到的 ZnO 粉末,通过化学气相沉积得到 ZnO 纳米线。

合成 ZnO 粉末步骤:先将分析纯的 $CO(NH_2)_2$ 用三次蒸馏水溶解在烧杯中得到一澄清溶液,再补加适量的三次蒸馏水,达到所需体积。实验中,$CO(NH_2)_2$ 与 $Zn(NO_3)_2$ 的摩尔浓度比为 2:1,然后在 95~125 ℃下加热溶液进行反应。由于水溶液在 100 ℃以上沸腾,故 100 ℃以上的反应在密闭容器中进行。溶液在加热的过程中会发生如下反应,首先尿素在升高的温度下开始缓慢水解:

$$CO(NH_2)_2 + 2H_2O \rightarrow CO_2\uparrow + 2NH_3H_2O$$

水解产物与硝酸锌反应生成碱式碳酸锌沉淀:

$$3Zn^{2+} + CO_3^{2-} + 4OH^- + H_2O \rightarrow ZnCO_3 \cdot Zn(OH)_2H_2O$$

沉淀经过滤、洗涤,在 100~110 ℃下真空干燥箱中干燥 2 h 左右,干燥后的沉淀物置于马弗炉中,在 450 ℃下煅烧 3 h 得到 ZnO 粉末样品。图 5-7 是粉末法得到的 ZnO 粉末样品的 SEM 图和 XRD 图谱。

从 XRD 图谱可以看出,得到的是立方相的晶体结构,根据谢乐公式得到的 ZnO 粉末样品的粒子平均半径为 20 nm,与 SEM 结果一致。

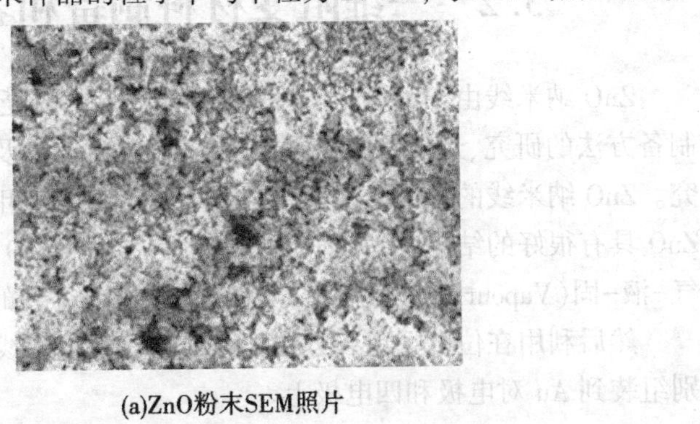

(a)ZnO粉末SEM照片

图 5-7 ZnO 粉末样品的 SEM 图和 XRD 图谱

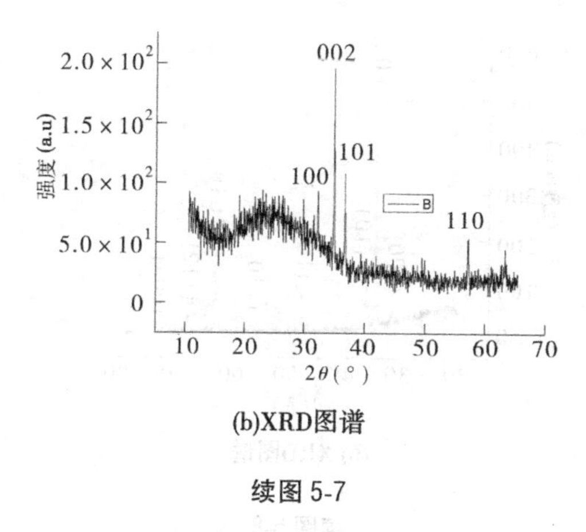

(b)XRD图谱

续图 5-7

5.2.2　ZnO 纳米线的合成

所用前躯体 ZnO 粉体的质量为 0.05 g，所用石墨质量为 0.05 g，所用研磨时间为 20 min。管式炉温度设定为 920 ℃，反应时间为 60 min，装有 ZnO 粉体和石墨混合物的瓷舟位于管式炉温区位置，生长 ZnO 纳米线的硅片距离瓷舟 8～10 cm，ZnO 纳米线生长过程所用的输运气体为纯度 99.9% 的 N_2，反应过程中 N_2 气流速率为 50 sccm。图 5-8 为用 VLS 生长得到的 ZnO 纳米线的 SEM 图和 XRD 图谱。

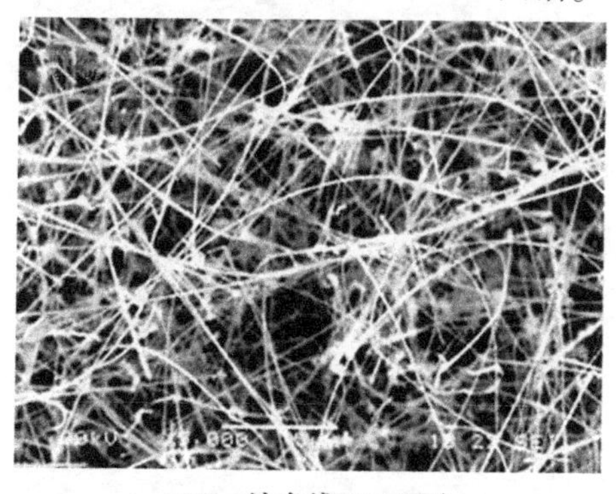

(a)ZnO纳米线SEM照片

图 5-8　VLS 生长得到的 ZnO 纳米线的 SEM 图和 XRD 图谱

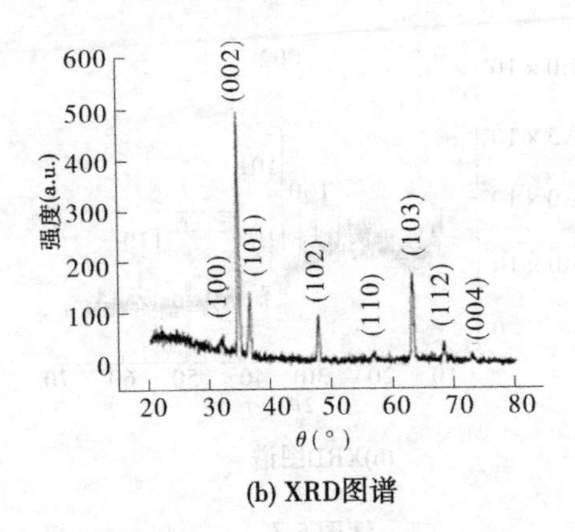

(b) XRD图谱

续图 5-8

从 SEM 数据可以看到,化学气相沉积方法得到的 ZnO 纳米线的直径分布在 50~250 nm,长度为 5~20 um。

为了分析合成得到的 ZnO 纳米线的结晶性能,对 ZnO 纳米线分别作了选区电子衍射和高分辨电子显微镜分析,如图 5-9 所示。

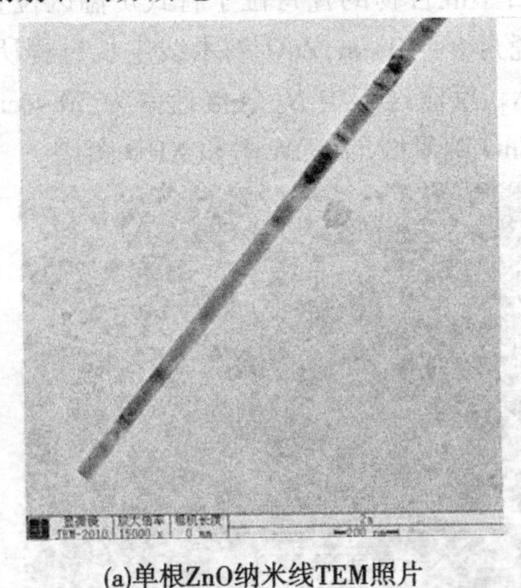

(a)单根ZnO纳米线TEM照片

图 5-9 ZnO 纳米线选区电子衍射和高分辨电子显微镜分析结果

(b)选区电子衍射（SAED）图谱

续图 5-9

从选区电子衍射结果来看所得到的 ZnO 纳米线结晶性良好，为单晶 ZnO 纳米线，良好的结晶性为构筑高性能的光电子器件奠定了材料基础。

5.3　一维阻变存储器的制备

5.3.1　纳米线的合成与原型器件的构筑

通常单根纳米线光电子器件的构筑可以通过电子束刻蚀(EBL)技术、聚焦离子束(FIB)技术、介电泳力(电场组装)等方法。其中电子束刻蚀技术、聚焦离子束技术所需仪器设备昂贵复杂、技术成本高。同时在用这些电子束或者聚焦离子时，会对纳米线与金属电极接触的地方产生不可恢复的破坏作用，特别是在使用聚焦离子束的同时，高能离子束会对 ZnO 纳米线表面产生破坏作用，即使是在 ZnO 纳米线两端沉积高功函数金属 Pt，常常会观察到构筑得到的单根纳米线器件的电流-电压曲线为线性，一般认为是由于聚焦离子束对纳米线表面进行了破坏。不只是 ZnO 纳米线，同样的在使用聚焦离子束构筑单根的 GaN 纳米线两端器件时也观察到了这种现象。

5.3.2　电场组装纳米线的原理

电场组装是近年来组装一维纳米材料的一种有效方法。其基本原理是在所要组装的电极上加一定频率的交流电场，从而会诱导纳米线中出现电荷偶极矩，在电场力的作用下使其“吸附”到电极上。

最近有研究指出波形发生器的输出频率对纳米线的组装过程中有着重要的影响。前提是其他条件保持不变。其中频率对一维纳米线组装过程中的影响示意图如图 5-10 所示，大概意思是这样的：对一个在液态介质中的球形物体，所受到的介电泳力表达式为

$$F_{\mathrm{DEP}} = c\varepsilon Re[f_{\mathrm{cm}}]\,\nabla E^2 \tag{5-1}$$

式中：c 为与组装物质有关的常数；ε 为组装物质所在媒介的介电常数；E 为电场强度；f_{cm} 为 Clausius Mossotti 因子，是关于所组装物质在外电场下引发的偶极强度大小。

该研究中所用液态介质为去离子水，本书中所用为无水乙醇。去离子水的介电常数 $\varepsilon_{水} = 48.5 \sim 81$，无水乙醇的介电常数 $\varepsilon_{无水乙醇} = 24.3 \sim 25.8$。

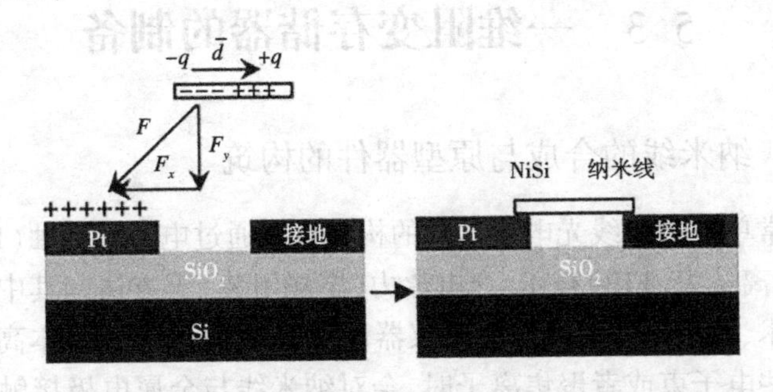

图 5-10　电场组装原理示意图

在低频率下纳米线所受介电泳力较大一些，并且其大小主要由长轴方向的 Clausius Mossotti 因子控制。所以，纳米线在低频下将趋向于和电场线保持一致的方向，然而在高频下原来长轴方向的 Clausius Mossotti 因子将会减小，使纳米线受到一个平移的力使其更易趋向电场

线梯度的方向,如图 5-11 所示。

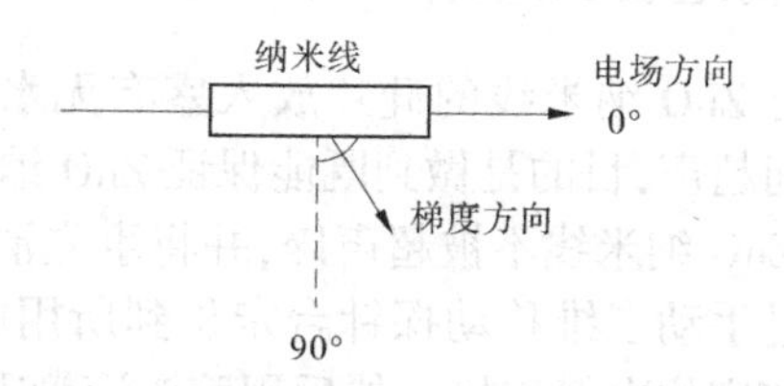

图 5-11　电场组装过程中纳米线受力分析

所以随着信号频率的增加,纳米线由原来的趋于电场力的方向而变为趋向于电场梯度的方向。正是因为如此,纳米线由低频率状态下"吸附"到一个电极上,变成更容易"吸附"到两个电极之间,如图 5-12 所示。

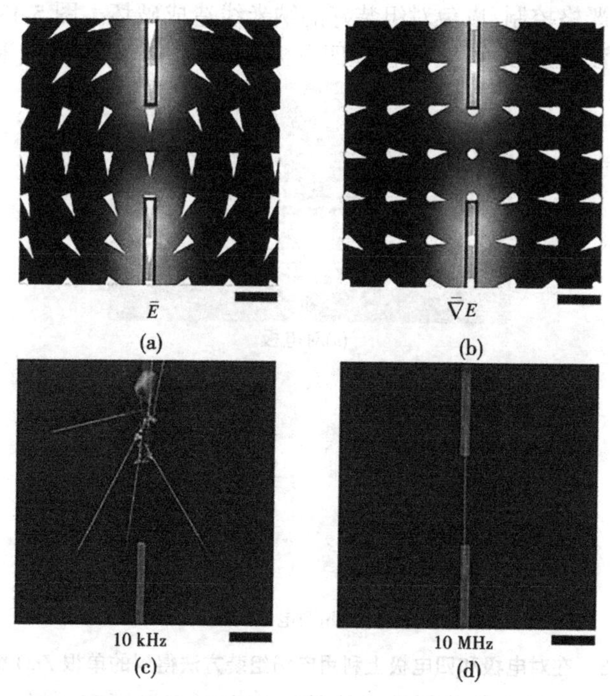

图 5-12　电场组装过程中电场频率纳米线对组装的影响

5.3.3　在位电场组装 ZnO 纳米线

首先将生长有 ZnO 纳米线的硅片放入盛有无水乙醇的烧杯中以适当的功率和时间超声，目的是做到既能保证 ZnO 纳米线从 Si 片上超声下来又能保持 ZnO 纳米线不被超声碎，并将事先清洗好的电极放在光学显微镜下通过手动三维移动探针台定位到所用的电极，并将波形发生器的信号线与定位电极连接。然后用胶头滴管吸取适量超声好的溶液 50 μL，滴在定位电极上，调整波形发生器使得 V_{pp} = 10 V，f = 1 MHz，然后输出波形发生器的信号，并同时通过光学显微镜观察在位组装情况，待单个 ZnO 纳米线在电场力的作用下组装到定位电极上之后，随即关闭波形发生器，以保证只有一根 ZnO 纳米线被组装到电极上，然后取出电极，用无水乙醇溶液冲洗后随即用氮气将其吹干，气流速度做到严格控制，以免对组装好的纳米线造成破坏。图 5-13 是用电场组装方法分别在 Au 对电极和四电极上得到的单根 ZnO 纳米线。

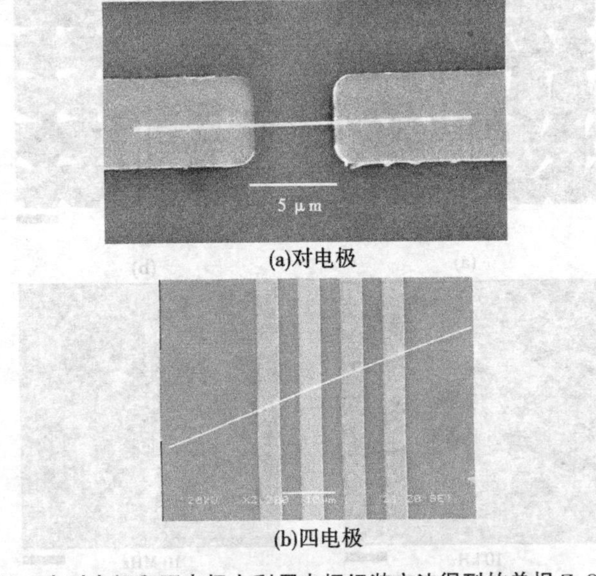

(a)对电极

(b)四电极

图 5-13　在对电极和四电极上利用电场组装方法得到的单根 ZnO 纳米线

利用四电极组装单根纳米线的原理和对电极原理一样，只不过所用四电极的间距要宽些，组装起来效率要比对电极低。

为了进行电学性质表征，把合成的纳米线分散在乙醇溶液中，超声分散均匀后，取一滴溶液滴在组装使用的金对电极上，对电极两端用探针与波形发生器连接，波形发生器输出峰峰值电压为10 V、频率为10 kHz的正弦交流电源。然后在显微镜下在位组装，等看到纳米线组装上去后，关掉波形发生器的电源。再用乙醇溶液清洗电极上残留的纳米，最后用洗耳球吹干电极。所用波形发生器和脉冲产生装置为Keithley 3390-50 MHz任意波形函数发生器。所有的电学性质测试结果都是在标准大气环境下进行的，电学性质测量仪器为半导体参数分析仪Keithley 4200-SCS。

5.4　一维阻变存储器电学性能分析

5.4.1　电流-电压回线特征分析

规定电场方向自左向右为正向，反之为反向。为了表征非易失性所得到的Au/ZnO NW/Au器件的非易失性特征，在电压双扫描模式下研究了器件的直流电压-电流曲线，测试结果绘制成线性坐标和对数坐标如图5-14所示。

这不同于之前报道的单根NiO纳米线和单根MgO纳米线表现出的电阻开关特征，这样也表明我们构筑的这种Au/ZnO NW/Au体系的电流输运特征和影响器件的电阻开关机制会有所不同。电压双扫描的顺序为0→10 V→0→-10 V→0，从结果可以看出初始时器件的电阻相当大，达到10^{12} Ω，但当电压扫描至4.2 V左右时电流突然上升，电压在5 V时电阻已减小至10^{6} Ω，在5~10 V之间电流变化只有一个数量级。在4 V之前的状态称之为高阻态HRS，对应的4.2 V的电压称之为开启电压，4.2 V之后的状态称之为低阻态LRS，这两个高、低阻态对应着电阻变化达6个数量级之多。这样高的电阻值变化在实际应用中对于外电路很容易就能区别开这两个状态。同时这两个状态的电流值依然很小，低阻态在10 V时对应的电流最大值为10 μA，这样的电流大小显然满足新一代的非易失性存储器低耗能的要求。值得指出的

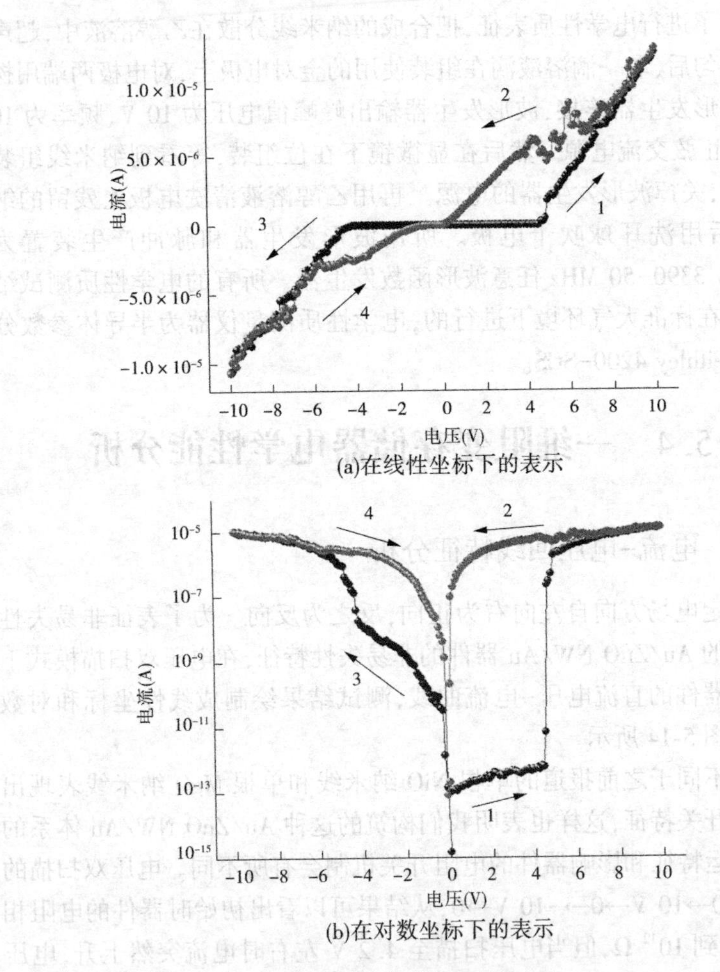

(a)在线性坐标下的表示

(b)在对数坐标下的表示

注:箭头代表电压扫描的方向。

图 5-14　ZnO 纳米线电流-电压曲线

是,在进行 0→−10 V→0 扫描时,器件所对应的状态 HRS→LRS,但是其中的高阻态电流比正向时高阻态电流要大 4 个数量级,但正负方向低阻态电流基本保持一致水平。

5.4.2　电阻开关时间分析

5.4.2.1　开时间分析

为了表征电阻开关由HRS转变为LRS所需要的开时间和由LRS转变为HRS所需要的关时间特征，我们在测试中设定器件的阻态转变前后的读出电压(read voltage)，然后使用Keithley 4200内置的脉冲信号(用于输出5 ms以上的脉冲电压)和外接Keithley 3390任意函数波形发生器(用于输出20 ns~5 ms脉冲)进行触发，以使器件的电阻值在不同高低阻态进行切换。图5-15为Au/ZnO NW/Au在20 ns的脉冲触发下器件电阻状态变化情况，从图中可以看出开关前后高低态电阻大小的比值大于1 000，并且可以看到器件的开过程时间在20 ns以下，该数值远优于目前文献报道的单根纳米线电阻开关存储器。

为了在*I*–*V*曲线中也观察到20 ns前后器件电流的变化，在进行开关时间测试之前我们先对器件进行常规的*I*–*V*曲线测量，数据为图5-15(b)中的曲线1所示，在加脉冲电压使其由高阻态转变为低阻态测试之后，我们随即对其又进行*I*–*V*特性测试，结果为图5-15(b)中曲线2所示。可以看到，施加脉冲电压之前的器件确实处于高阻态，且电流值大小和图5-15(a)中吻合，施加脉冲电压之后的*I*–*V*曲线显示，前后电阻(电流)变化与图5-15(a)曲线一致。

5.4.2.2　关时间分析

同样地，我们对器件的关时间进行了分析，根据双极型电阻开关特性，设定脉冲电压为-10 V，脉冲时间为0.3 s，电阻状态变化前后的读数电压为3 V。实验结果如图5-16所示。

可以看到，在脉冲前后器件电阻变化近两个数量级，但与器件的开时间相比，关过程的时间具有如下特征：首先所需脉冲电压大，器件由HRS到LRS只需要5 V脉冲，而由LRS到HRS需要10 V脉冲；其次所需脉冲电压时间长，开时间只需20 ns，而关时间则需要300 ms；最后脉冲前后电阻大小改变量不同，在开过程中，前后电阻变化1 000倍以上，而在关过程前后，电阻变化只有300倍左右。

另外在相同脉冲电压大小下，通过设置不同的脉冲时间来观察对

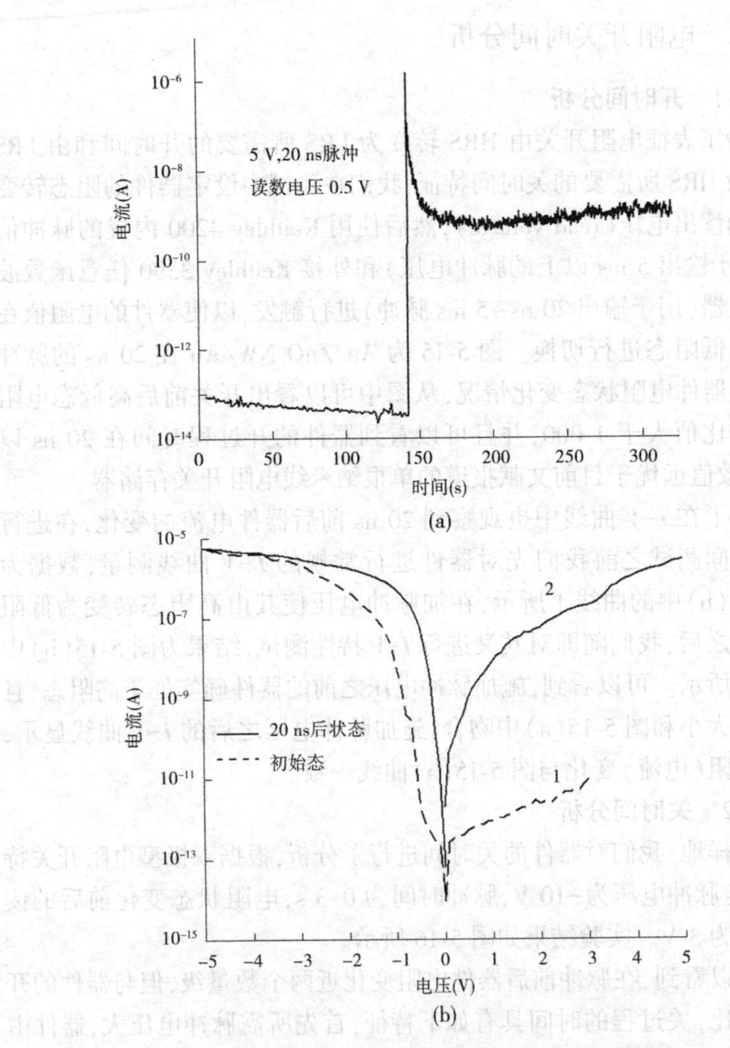

图 5-15　单根 ZnO 纳米线开过程

开关前后阻态的影响，见图 5-17。

从图 5-17 可以看出，当脉冲时间为 0.05 s 时，所加−10 V 脉冲基本不能使得器件的阻态发生改变，随着脉冲时间的增加，脉冲前后器件的阻态改变越来越明显；当脉冲时间为 0.3 s 时，脉冲前后阻态变化达

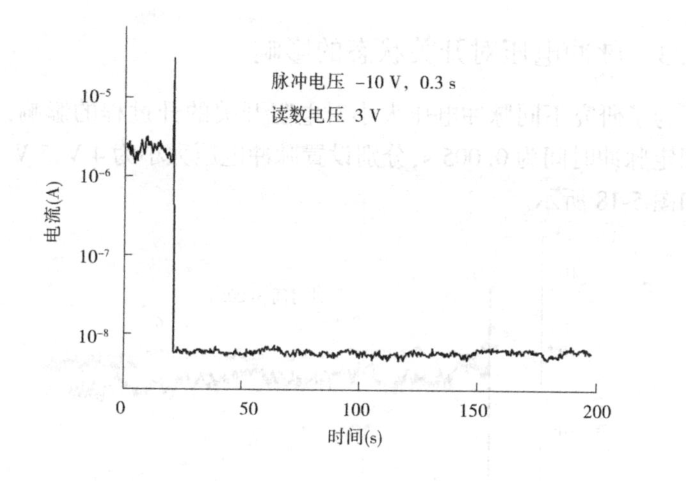

图 5-16　单根 ZnO 纳米线关过程

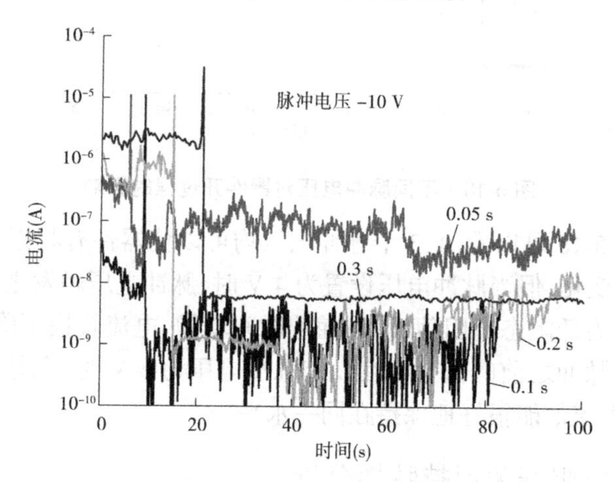

图 5-17　不同脉冲时间对电阻开关中的关过程的影响

300 倍。我们得出设置较长的脉冲时间有利于器件从 LRS 到 HRS 的转变，但延长脉冲时间是对存储元件擦除时间的增加，对提高信息擦除速度不利。

5.4.3　脉冲电压对开关状态的影响

为了研究不同脉冲电压大小对电阻开关的开过程的影响，我们通过固定脉冲时间为 0.005 s，分别设置脉冲电压大小为 4 V、5 V、6 V，结果如图 5-18 所示。

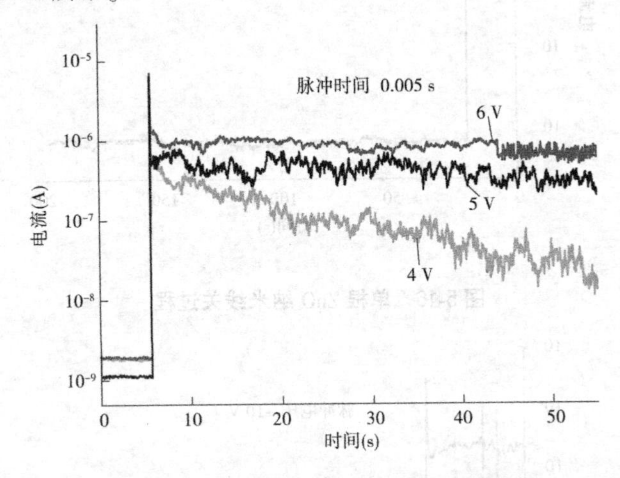

图 5-18　不同脉冲电压对器件开过程的影响

从图 5-18 可以看出，3 个脉冲电压均可以使器件有将近 3 个数量级大小的变化，但当脉冲电压设置为 4 V 时，脉冲电压触发之后并不能持续保持为低阻态电阻值，而是随着时间增加，电流较快下降，电阻值开始接近脉冲之前的值。而在设定脉冲电压为 6 V 时，在脉冲电压触发之后，电流值能很好地保持在同一水平。

5.4.4　电阻开关保持特性分析

电阻开关的保持性能是衡量非易失性存储元件的重要参数之一，通常的表征手段是通过使器件切换到高阻态或者低阻态，测量某一电压值下电阻值(电流值)随时间的变化关系，如果在某一阻态保持时间越长，表明非易失存储性能就越好。

在本节中首先测得器件在 1.5 V 时高阻态的电流-时间关系曲线，

然后通过前合适脉冲电压使得由 HRS 转变到 LRS,之后在相同的电压下,并且其他条件也相同的情况下,测得 LRS 态时电流-时间关系曲线。图 5-19 为单根 ZnO 纳米线高低电阻态保持时间,其中读出电压为 1.5 V,图中 HRS 和 LRS 可以分别相似地认为是逻辑电路里面的“1”和“0”。存储器件在室温下的保持性能可以从图 5-19 看到,经过 1.0×10^4 s 后器件 HRS 和 LRS 几乎没有改变。

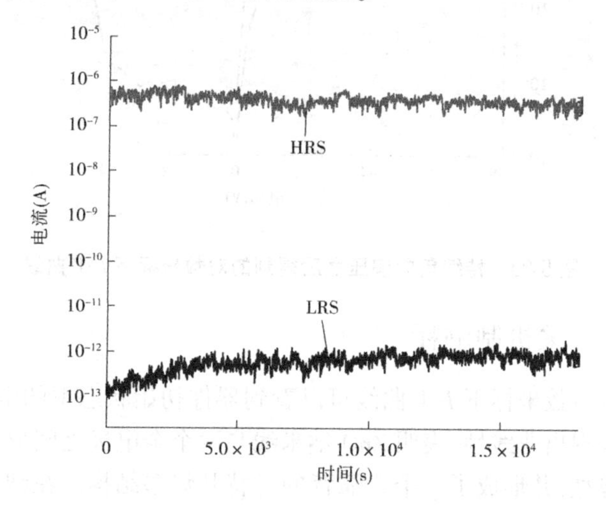

图 5-19　电阻开关高低电阻态的保持时间

但是在进行开关保持时间数据的测试之后发现,曲线左端变得不具有开关性质,右边曲线特征仍然具有开关存储特性。如图 5-20 所示,为持续加-8 V 电压之后器件 *I-V* 曲线所表现出的特征。此曲线的读出电压为 1.5 V,我们发现在-1.5 V 处高阻状态下电流已经很大,远远高于初始状态的高电阻态时的电流值。因为在电阻开关实验中,器件由高阻态转变为低阻态后,通常为了使其恢复,我们在早期的工作中一般要加一个大的负向偏压,负向偏压的数值一般取大于正向开关测试的最大值电压。这样一来,一直加上较大的负向偏压,左边的结一直处于较大反向偏置,破坏了左边结的特性,使得其失去了开关性质。

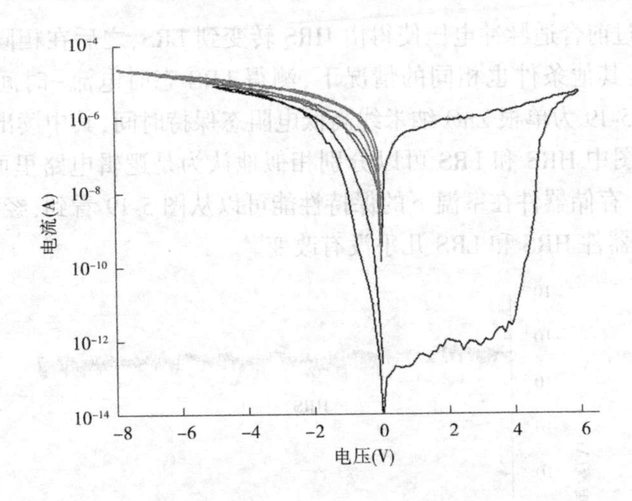

图 5-20 持续负向偏压之后得到的对数坐标下 I–V 曲线

5.4.5 开关机制解释

通过对数坐标下 I–V 曲线可以看到器件初始状态下的电流–电压曲线则表现出非线性,表明 ZnO 纳米线与两个金电极之间形成了两个肖特基势垒,并形成了一个背靠背的肖特基势垒结构。在纳米线背靠背肖特基势垒结构中,一般正向偏置肖特基势垒和纳米线上的压降可以忽略,总的压降主要来源于反向偏置肖特基势垒上的压降,总电流也主要由流过处于反向偏置肖特基势垒的反向电流决定。同时结合电流–电压在线性坐标和对数坐标下的曲线发现,电流–电压在转变为 LRS 状态之后,二者具有很好的线性关系,而在 HRS 电流与电压具有较好的指数关系。根据文献报道这种电流–电压关系满足反向肖特基势垒的电流隧穿模型,可用下式表示为

$$\ln I = \ln(AJ_{\mathrm{S}}) + V\left(\frac{q}{k_{\mathrm{B}}T} - \frac{1}{E_0}\right) \tag{5-2}$$

式中:J 为流过肖特基势垒的电流密度;S 为接触面积;J_{S} 为反向饱和电流,随着反向偏压的变化会缓慢变化;E_0 为依赖于载流子浓度的参数。

即使实验中所用的 ZnO 纳米线是在 900 ℃的高温下合成得到的，但是由于纳米线具有较大的比表面积，在其表面会存在大量悬空键和缺陷组成的表面态，如 V_O(O 空位)或者 I_{Zn}(Zn 间隙)。有研究指出在贵金属与 ZnO 接触过程中，会在接触界面产生大量氧空位等表面态，另据研究报道，ZnO 中氧空位在导带底 0.7 eV 左右，这样产生的大量氧空位将会对肖特基势垒产生重要的影响，引起半导体费米能级顶扎，使金属与半导体接触势垒高度只有 0.7 eV 左右，并且由氧空位引起的势垒高度和 ZnO 中电离的浅层施主有所不同，由氧空位引起的势垒宽度很薄，只有几个纳米，在加负向偏压时，就很容易使金属中电子通过隧穿进入半导体。另外据文献报道，氧空位在强电场作用下会发生迁移。

我们知道器件在最初状态时界面氧空位浓度成随机分布，浓度较小，此时对应高阻态(HRS)。但是随着扫描电压增大，界面电场显著增强，当电场强度至一定程度足以使得氧空位能量大于迁移所需的能量值时，界面氧空位浓度开始发生变化，氧空位会沿着电场方向运动，并逐渐在界面堆积，使得界面氧空位浓度增大，从而引起较大的隧穿电流，这时对应着低阻态(LRS)，如图 5-21 所示。

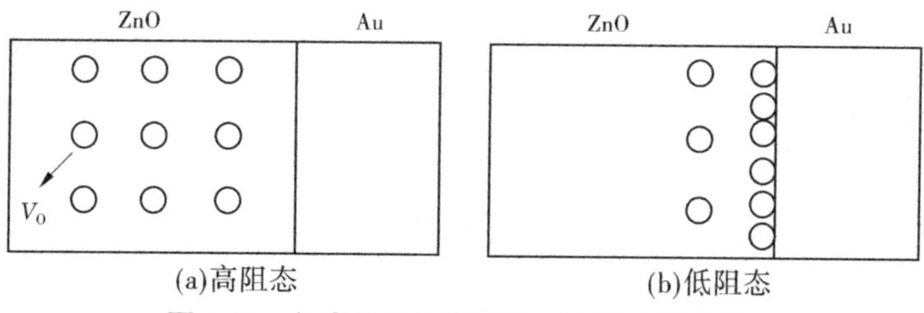

(a)高阻态　　(b)低阻态

图 5-21　氧空位调控高阻态和低阻态示意图

由于在此过程中右边肖特基势垒结内一直处于较强电场状态，所以只需要幅值为 5 V，小于 20 ns 的脉冲宽度即可实现从 HRS 到 LRS 的转变。当在左边电极上施加负向电压时，此时左边肖特基势垒反偏，右边肖特基势垒正偏，左边肖特基势垒结分得大部分偏压，而右边肖特基势垒结分得很少一部分偏压，所以此时右边肖特基势垒结内电场强度小于处于反偏状态时的值，所以在这样小的电场强度下，氧空位不足以克服势垒，而发生迅速迁移，结果使得加负向脉冲电压时不容易由LRS到HRS转变。总的来说是由于在脉冲电压作用下，氧空位在界面的移动引起肖特基势垒结构变化，导致隧穿电流的变化，从而引起器件电阻状态发生变化。

5.5 小 结

本章中利用电场组装的方法成功构筑了Au-ZnO-Au结构单根ZnO纳米线电阻开关随机存储器，通过研究发现构筑的纳米线器件具有很好的电阻开关性质，具有10^6的开关比，设置时间小于20 ns，保持时间大于10^4 s等特点。研究发现单根ZnO纳米线电阻开关随机存储器输运性质和读写特性受ZnO/Au界面氧空位浓度调控的肖特基势垒影响。这对人们进一步加深理解基于单根氧化物半导体电阻开关随机存储工作原理及构造更小尺寸的元件提供了帮助。

参考文献

[1] WASER R, AONO M. Nanoionics-based resistive switching memories[J]. Nature Mater, 2007, 6(11): 833-840.

[2] STRUKOV D B, SNIDER G S, STEWART D R, et al. The missing memristor found[J]. Nature, 2008, 453(7191): 80-83.

[3] WASER R, DITTMANN R, STAIKOV G, et al. Redox-Based Resistive Switching Memories-Nanoionic Mechanisms, Prospects, and Challenges[J]. Adv. Mater, 2009, 21(25-26): 2632-2663.

[4] SZOT K, SPEIER W, BIHLMAYER G, et al. Switching the electrical resistance of individual dislocations in single-crystalline $SrTiO_3$[J]. Nature Mater, 2006, 5(4): 312-320.

[5] YANG J J, PICKETT M D, LI X, et al. Memristive switching mechanism for metal/oxide/metal nanodevices[J]. Nature Nanotechnol, 2008, 3(7): 429-433.

[6] KWON D H, KIM K M, JANG J H, et al. Atomic structure of conducting nanofilaments in TiO_2 resistive switching memory[J]. Nature Nanotechnol, 2010, 5(2): 148-153.

[7] AHN S E, LEE M J, PARK Y, et al. Write current reduction in transition metal oxide based resistance change memory[J]. Adv. Mater, 2008, 20(5): 924-928.

[8] CHANG S, LEE J, CHAE S, et al. Occurrence of Both Unipolar Memory and Threshold Resistance Switching in a NiO Film[J]. Phys. Rev. Lett, 2009, 102(2): 026801.

[9] CHANG S H, CHAE S C, LEE S B, et al. Effects of heat dissipation on unipolar resistance switching in Pt/NiO/Pt capacitors[J]. Appl Phys Lett, 2008, 92(18): 183507.

[10] LEE M J, HAN S, JEON S H, et al. Electrical manipulation of nanofilaments in transition-metal oxides for resistance-based memory[J]. Nano Lett, 2009, 9(4): 1476-1481.

[11] YASUHARA R, FUJIWARA K, HORIBA K, et al. Inhomogeneous chemical states in resistance-switching devices with a planar-type Pt/CuO/Pt structure

[J]. Appl Phys Lett, 2009, 95(1): 012110.

[12] SHIMA H, TAKANO F, MURAMATSU H, et al. Voltage polarity dependent low-power and high-speed resistance switching in CoO resistance random access memory with Ta electrode[J]. Appl Phys Lett, 2008, 93(11): 113504.

[13] XU Z, BANDO Y, WANG W L, et al. Real-Time In Situ HRTEM-Resolved Resistance Switching of Ag_2S Nanoscale Ionic Conductor[J]. ACS Nano, 2010, 4(5): 2515-2522.

[14] NAUENHEIM C, KUEGELER C, RUEDIGER A, et al. Investigation of the electroforming process in resistively switching TiO_2 nanocrosspoint junctions[J]. Appl Phys Lett, 2010, 96(12): 122902.

[15] KAWAI M, ITO K, ICHIKAWA N, et al. Thermally formed conducting filaments in a single-crystalline NiO thin film[J]. Appl Phys Lett, 2010, 96(7): 072106.

[16] SHIMA H, TAKANO F, MURAMATSU H, et al. Local chemical state change in Co-O resistance random access memory[J]. Physica Status Solidi (RRL)-Rapid Research Letters, 2008, 2(3): 99-101.

[17] PARK G S, LI X S, KIM D C, et al. Observation of electric-field induced Ni filament channels in polycrystalline NiOx film[J]. Appl Phys Lett, 2007, 91(22): 222103.

[18] SAWA A. Resistive switching in transition metal oxides[J]. Mater Today, 2008, 11(6): 28-36.

[19] SHIMA H, TAKANO F, AKINAGA H, et al. Resistance switching in the metal deficient-type oxides: NiO and CoO[J]. Appl Phys Lett, 2007, 91(1): 012901.

[20] ROZENBERG M, INOUE I, SáNCHEZ M. Nonvolatile Memory with Multilevel Switching: A Basic Model[J]. Phys Rev Lett, 2004, 92(17): 178302.

[21] SAWA A, FUJII T, KAWASAKI M, et al. Hysteretic current-voltage characteristics and resistance switching at a rectifying $Ti/Pr_{0.7}Ca_{0.3}MnO_3$ interface[J]. Appl Phys Lett, 2004, 85(18): 4073.

[22] JOSHI P C, KRUPANIDHI S B. Structural and electrical characteristics of $SrTiO_3$ thin films for dynamic random access memory applications[J]. J Appl Phys, 1993, 73(11): 7627-7634.

[23] JOSHI P C, KRUPANIDHI S B. Switching, fatigue, and retention in ferroelectric

$Bi_4Ti_3O_{12}$ thin films[J]. Appl Phys Lett, 1993, 62(16): 1928-1930.

[24] SHANG D S, WANG Q, CHEN L D, et al. Effect of carrier trapping on the hysteretic current-voltage characteristics in Ag/$La_{0.7}Ca_{0.3}MnO_{0.3}$/Pt heterostructures [J]. Phys Rev B, 2006, 73(24): 245427.

[25] 王永, 管伟华, 龙世兵, 等. 阻变式存储器存储机理[J]. 物理, 2008, 37 (12), 870-874.

[26] LIU S, WANG W, LI Q, et al. Highly improved resistive switching performances of the self-doped Pt/HfO_2: Cu/Cu devices by atomic layer deposition[J]. Sci China-Phys Mech Astron, 2016, 59(12): 127311.

[27] ZHANG H, GAO B, SUN B, et al. Ionic doping effect in ZrO_2 resistive switching memory[J]. Appl Phys Lett, 2010, 96(12): 123502.

[28] ZHANG H, LIU L, GAO B, et al. Gd-doping effect on performance of HfO_2 based resistive switching memory devices using implantation approach[J]. Appl Phys Lett, 2011, 98(4): 042105.

[29] WANG Z, JOSHI S, SAVEL'EV S, et al. Fully memristive neural networks for pattern classification with unsupervised learning[J]. Nat Electron, 2018, 1(2): 137-145.

[30] HE X, LI X, GAO X, et al. Reversible resistance switching properties in Tidoped polycrystalline Ta_2O_5 thin films[J]. Applied Physics A, 2012, 108 (1): 177-183.

[31] WANG K, WU H, WANG X, et al. Study of doping effects on Ta_2O_{5-x}/TaO_y based bilayer RRAM devices; proceedings of the 2014 IEEE International Conference on Electron Devices and Solid-State Circuits[C]. 2014.

[32] KUKLI K, KEMELL M, VEHKAMäKI M, et al. Atomic layer deposition and properties of mixed Ta_2O_5 and ZrO_2 films[J]. AIP Advances, 2017, 7(2): 025001.

[33] JIANG H, STEWART D A. Using dopants to tune oxygen vacancy formation in transition metal oxide resistive memory[J]. ACS Appl Mater Interfaces, 2017, 9 (19): 16296-16304.

[34] KIM S, CHOI S, LEE J, et al. Tuning resistive switching characteristics of tantalum oxide memristors through Si doping[J]. ACS Nano, 2014, 8(10): 10262-10269.

[35] MISHA S H, TAMANNA N, WOO J, et al. Effect of nitrogen doping on variabil-

ity of TaO_x-RRAM for low-power 3-Bit MLC applications[J]. ECS Solid State Letters, 2015, 4(3):25.

[36] JOU S, CHAO C L. Resistance switching of copper-doped tantalum oxide prepared by oxidation of copper-doped tantalum nitride[J]. Surf Coat Technol, 2013, 231:311-315.

[37] SEDGHI N, LI H, BRUNELL I F, et al. Enhanced switching stability in Ta_2O_5 resistive RAM by fluorine doping[J]. Appl Phys Lett, 2017, 111(9): 092904.

[38] SEDGHI N, LI H, BRUNELL I, et al. The role of nitrogen doping in ALD Ta_2O_5 and its influence on multilevel cell switching in RRAM[J]. Appl Phys Lett, 2017, 110(10): 102902.

[39] LU J, KUO Y, TEWG J-Y. Hafnium-doped tantalum oxide high-k gate dielectrics [J]. J Electrochem Soc, 2006, 153(5): G410.

[40] SHI K X, XU H Y, WANG Z Q, et al. Improved performance of Ta_2O_{5-x} resistive switching memory by Gd-doping: ultralow power operation, good data retention, and multilevel storage[J]. Appl Phys Lett, 2017, 111(22): 223505.

[41] 韦晓迪，魏巍，马国坤，等. 氧化锆基阻变存储器中金掺杂效应的第一性原理研究[J]. 中国科学:技术科学, 2018, 48(5): 575-582.

[42] 郭家俊，董静雨，康鑫，等. 过渡金属元素 X(X=Mn,Fe,Co,Ni)掺杂对 ZnO 基阻变存储器性能的影响[J]. 物理学报, 2018, 67(6): 74-80.

[43] YANG J, DAI Y, LU S, et al. Physical mechanism of resistance switching in the co-doped RRAM[J]. Journal of Semiconductors, 2017, 38(1): 014008.

[44] LIU X, LIN S, GAO J, et al. Enhanced performance of Mo2P monolayer as lithiumion battery anode materials by carbon and nitrogen doping: a first principles study[J]. Phys Chem Chem Phys, 2021, 23(6): 4030-4038.

[45] YANG Y, HUANG R. Probing memristive switching in nanoionic devices[J]. Nat Electron, 2018, 1(5): 274-287.

[46] CHEN Q, LIU G, XUE W, et al. Controlled construction of atomic point contact with 16 quantized conductance states in oxide resistive switching memory[J]. ACS Applied Electronic Materials, 2019, 1(5): 789-798.

[47] KWON D H, KIM K M, JANG J H, et al. Atomic structure of conducting nanofilaments in TiO_2 resistive switching memory[J]. Nat Nanotechnol, 2010, 5(2): 148-153.

[48] LIU Q, SUN J, LV H, et al. Real-time observation on dynamic growth/dissolu-

tion of conductive filaments in oxide-electrolytc based ReRAM[J]. Adv Mater, 2012, 24(14): 1844-1849.

[49] YANG Y, ZHANG X, QIN L, et al. Probing nanoscale oxygen ion motion in memristive systems[J]. Nat Commun, 2017, 8(1): 15173.

[50] ONOFRIO N, GUZMAN D, STRACHAN A. Atomic origin of ultrafast resistance switching in nanoscale electrometallization cells[J]. Nat Mater, 2015, 14(4): 440-446.

[51] CELANO U, OP DE BEECK J, CLIMA S, et al. Direct probing of the dielectric scavenging-layer interface in oxide filamentary-based valence change memory[J]. ACS Appl Mater Interfaces, 2017, 9(12): 10820-10824.

[52] LI C, GAO B, YAO Y, et al. Direct observations of nanofilament evolution in switching processes in HfO_2-based resistive random access memory by in situ TEM studies[J]. Adv Mater, 2017, 29(10): 1602976.

[53] SUN W, GAO B, CHI M, et al. Understanding memristive switching via in situ characterization and device modeling[J]. Nat Commun, 2019, 10(1): 3453.

[54] PADILHA A C M, MCKENNA K P. Structure and properties of a model conductive filament/host oxide interface in HfO_2-based ReRAM[J]. Phys Rev Materials, 2018, 2(4):

[55] DEGRAEVE R, CHEN C Y, CELANO U, et al. Quantitative retention model for filamentary oxide-based resistive RAM[J]. Microelectron Eng, 2017, 178,38-41.

[56] NABATAME T, YASUDA T, NISHIZAWA M, et al. Comparative studies on oxygen diffusion coefficients for amorphous and γ-Al_2O_3 films using ^{18}O isotope[J]. Jpn J Appl Phys, 2003, 42(12R): 7205.

[57] NAKAMURA R, TODA T, TSUKUI S, et al. Diffusion of oxygen in amorphous Al_2O_3, Ta_2O_5, and Nb_2O_5[J]. J Appl Phys, 2014, 116(3): 033504.

[58] WEDIG A, LUEBBEN M, CHO D Y, et al. Nanoscale cation motion in TaO_x, HfO_x and TiO_x memristive systems[J]. Nat Nanotechnol, 2016, 11(1): 67-74.

[59] GRIES U N, SCHRAKNEPPER H, SKAJA K, et al. A SIMS study of cation and anion diffusion in tantalum oxide[J]. Phys Chem Chem Phys, 2018, 20(2): 989-996.

[60] STEWART D A. Diffusion of oxygen in amorphous tantalum oxide[J]. Phys Rev Materials, 2019, 3(5): 055605.

[61] DOEVENSPECK J, DECRAEVE R, FANTINI A, et al. Modeling and demonstration of oxygen vacancy-based RRAM as probabilistic device for sequence learning[J]. IEEE Trans Electron Devices, 2020, 67(2): 505-511.

[62] GAO B, ZHANG H W, CHEN B, et al. Modeling of retention failure behavior in bipolar oxide-based resistive switching memory[J]. IEEE Electron Device Lett, 2011, 32(3): 276-278.

[63] HUANG X, LI Y, LI H, et al. Forming-free, fast, uniform, and high endurance resistive switching from cryogenic to high temperatures in W/AlOx/Al_2O_3/Pt bilayer memristor[J]. IEEE Electron Device Lett, 2020, 41(4): 549-552.

[64] LEE M J, LEE C B, LEE D, et al. A fast, high-endurance and scalable non-volatile memory device made from asymmetric Ta_2O_{5-x}/TaO_{2-x} bilayer structures[J]. Nat Mater, 2011, 10(8): 625-630.

[65] MAO G Q, XUE K H, SONG Y Q, et al. Oxygen migration around the filament region in HfOx memristors[J]. AIP Advances, 2019, 9(10): 105007.

[66] QI M, TAO Y, WANG Z, et al. Highly uniform switching of HfO_{2-x} based RRAM achieved through Ar plasma treatment for low power and multilevel storage [J]. Appl Surf Sci, 2018, 458:216-221.

[67] LANZA M, WONG H-S P, POP E, et al. Recommended methods to study resistive switching devices [J]. Advanced Electronic Materials, 2019, 5 (1): 1800143.

[68] XINGHUI W, QIUHUI Z, NANA C, et al. Oxygen-ion-migration-modulated bipolar resistive switching and complementary resistive switching in tungsten/indium tin oxide/gold memory device[J]. Jpn J Appl Phys, 2018, 57(6): 064202.

[69] YANG Y, GAO P, GABA S, et al. Observation of conducting filament growth in nanoscale resistive memories[J]. Nat Commun, 2012, 3(3):732.

[70] PARK G S, KIM Y B, PARK S Y, et al. In situ observation of filamentary conducting channels in an asymmetric Ta_2O_{5-x}/TaO_{2-x} bilayer structure[J]. Nat Commun, 2013, 4:2382.

[71] LEE J, SCHELL W, ZHU X, et al. Charge transition of oxygen vacancies during resistive switching in oxide-based RRAM[J]. ACS Appl Mater Interfaces, 2019, 11(12): 11579-11586.

[72] MEHRER H. Diffusion in solids: fundamentals, methods, materials, diffusion-controlled processes [M]. Springer Science & Business Media, 2007.

[73] JIANG H, STEWART D A. Enhanced oxygen vacancy diffusion in Ta_2O_5 resistive memory devices due to infinitely adaptive crystal structure[J]. J Appl Phys, 2016, 119(13): 134502.

[74] HUR J H. Theoretical studies on oxygen vacancy migration energy barrier in the orthorhombic λ phase Ta_2O_5[J]. Comp Mater Sci, 2019, 169:109148.

[75] MIYATANI T, NISHI Y, KIMOTO T. Dominant conduction mechanism in TaOx-based resistive switching devices[J]. Jpn J Appl Phys, 2019, 58(9): 090914.

[76] HUR J-H. First principles study of the strain effect on band gap of λ phase Ta_2O_5 [J]. Comp Mater Sci, 2019, 164:17-21.

[77] PEREVALOV T V, ISLAMOV D R, CHERNYKH I G E. Atomic and Electronic Structures of Intrinsic Defects in Ta_2O_5: Ab Initio Simulation[J]. Jetp Lett, 2018, 107(12): 761-765.

[78] LEE S H, KIM J, KIM S J, et al. Hidden structural order in orthorhombic Ta_2O_5 [J]. Phys Rev Lett, 2013, 110(23): 235502.

[79] GUO Y, ROBERTSON J. Oxygen vacancy defects in Ta_2O_5 showing long-range atomic re-arrangements[J]. Appl Phys Lett, 2014, 104(11): 112906.

[80] FLEMING R M, LANG D V, JONES C D W, et al. Defect dominated charge transport in amorphous Ta_2O_5 thin films[J]. J Appl Phys, 2000, 88(2): 850-862.

[81] KRESSE G, FURTHMüLLER J. Efficiency of ab-initio total energy calculations for metals and semiconductors using a plane-wave basis set[J]. Comp Mater Sci, 1996, 6(1): 15-50.

[82] KRESSE G, FURTHMüLLER J. Efficient iterative schemes for ab initio total-energy calculations using a plane-wave basis set[J]. Phys Rev B, 1996, 54(16): 11169-11186.

[83] HENKELMAN G, UBERUAGA B P, JóNSSON H. A climbing image nudged elastic band method for finding saddle points and minimum energy paths[J]. The Journal of Chemical Physics, 2000, 113(22): 9901-9904.

[84] WANG W, FAN L, WANG G, et al. CO_2 and SO_2 sorption on the alkali metals doped CaO (100) surface: A DFT-D study[J]. Appl Surf Sci, 2017, 425:972-977.

[85] 潘功配. 固体化学 [M]. 南京: 南京大学出版社, 2009.

[86] 庞震. 固体化学 [M]. 北京: 化学工业出版社, 2008.

[87] FREYSOLDT C, NEUGEBAUER J, VAN DE WALLE C G. Fully Ab initio finite-size corrections for charged-defect supercell calculations[J]. Phys Rev Lett, 2009, 102(1): 016402.

[88] BRISENO A L, HOLCOMBE T W, BOUKAI A I, et al. Oligo- and Polythiophene/ZnO hybrid nanowire solar cells[J]. Nano Lett, 2010, 10(1): 334-340.

[89] JU S, FACCHETTI A, XUAN Y, et al. Fabrication of fully transparent nanowire transistors for transparent and flexible electronics [J]. Nature Nanotechnol, 2007, 2(6): 378-384.

[90] HU J T, ODOM T W, LIEBER C M. Chemistry and physics in one dimension: Synthesis and properties of nanowires and nanotubes[J]. Acc Chem Res, 1999, 32(5): 435-445.

[91] LI Y, QIAN F, XIANG J, et al. Nanowire electronic and optoelectronic devices [J]. Mater Today, 2006, 9(10): 18-27.

[92] HUANG Y, LIEBER C M. Integrated nanoscale electronics and optoelectronics: Exploring nanoscale science and technology through semiconductor nanowires[J]. Pure Appl Chem, 2004, 76(12): 2051-2068.

[93] LAUHON L J, GUDIKSEN M S, LIEBER C M. Semiconductor nanowire heterostructures[J]. Philosophical Transactions of the Royal Society of London Series a-Mathematical Physical and Engineering Sciences, 2004, 362(1819): 1247-1260.

[94] BRUCHEZ M, MORONNE M, GIN P, et al. Semiconductor nanocrystals as fluorescent biological labels[J]. Science, 1998, 281(5385): 2013-2016.

[95] MURRAY C B, KAGAN C R, BAWENDI M G. Synthesis and characterization of monodisperse nanocrystals and close-packed nanocrystal assemblies [J]. Annu Rev Mater Sci, 2000, 30:545-610.

[96] ODOM T W, HUANG J L, KIM P, et al. Structure and electronic properties of carbon nanotubes[J]. J Phys Chem B, 2000, 104(13): 2794-2809.

[97] OUYANG M, HUANG J L, LIEBER C M. Fundamental electronic properties and applications of single-walled carbon nanotubes[J]. Acc Chem Res, 2002, 35(12): 1018-1025.

[98] LIU J, FAN S S, DAI H J. Recent advances in methods of forming carbon nanotubes[J]. Mrs Bull, 2004, 29(4): 244-250.

[99] MCEUEN P L, PARK J Y. Electron transport in single-walled carbon nanotubes

[J]. Mrs Bull, 2004, 29(4): 272-275.

[100] CUI Y, ZHONG Z H, WANG D L, et al. High performance silicon nanowire field effect transistors[J]. Nano Lett, 2003, 3(2): 149-152.

[101] BAEK I G, LEE M S, SEO S, et al. Highly scalable non-volatile resistive memory using simple binary oxide driven by asymmetric unipolar voltage pulses [M]. Ieee International Electron Devices Meeting 2004, Technical Digest. New York; Ieee. 2004: 587-590.

[102] MA L P, PYO S, OUYANG J, et al. Nonvolatile electrical bistability of organic/metal-nanocluster/organic system[J]. Appl Phys Lett, 2003, 82(9): 1419-1421.

[103] FEHLBERG T B, UMANA-MEMBRENO G A, NENER B D, et al. Characterisation of Multiple Carrier Transport in Indium Nitride Grown by Molecular Beam Epitaxy[J]. Jap J Appl Phys, 2006, 45(41): 1090-1092.

[104] YOSHIDA C, KINOSHITA K, YAMASAKI T, et al. Direct observation of oxygen movement during resistance switching in NiO/Pt film[J]. Appl Phys Lett, 2008, 93(4): 042106.

[105] HICKMOTT T W. Low-frequency negative resistance in thin anodic oxide films [J]. J Appl Phys, 1962, 33:2669.

[106] SIMMONS J G, VERDERBER R R. New conduction and reversible memory phenomena in thin insulating films[J]. Proceedings of the royal society of london series a-mathematical and physical sciences, 1967, 301:77.

[107] GIBBONS J F, BEADLE W E. Switching properties of thin NiO films[J]. Solid State Electron, 1964, 7(11): 785-790.

[108] DEARNALEY G, STONEHAM A M, MORGAN D V. Electrical phenomena in amorphous oxide films[J]. Rep Prog Phys, 1970, 33(3): 1129.

[109] BIEDERMAN H. Metal-insulator-metal sandwich structures with anomalous properties[J]. Vacuum, 1976, 26(12): 513-523.

[110] LIU S Q, WU N J, IGNATIEV A. Electric-pulse-induced reversible resistance change effect in magnetoresistive films[J]. Appl Phys Lett, 2000, 76(19): 2749-2751.

[111] BECK A, BEDNORZ J G, GERBER C, et al. Reproducible switching effect in thin oxide films for memory applications[J]. Appl Phys Lett, 2000, 77(1): 139-141.

[112] WATANABE H, KATO M, ICHIMURA M, et al. Excess carrier lifetime measurement for plasma-etched gaN by the microwave photoconductivity decay method [J]. Jap J Appl Phys, 2007, 46(1): 35-39.

[113] CHOI B J, JEONG D S, KIM S K, et al. Resistive switching mechanism of TiO_2 thin films grown by atomic-layer deposition[J]. J Appl Phys, 2005, 98 (3): 033715.

[114] CHEN X, WU N J, STROZIER J, et al. Direct resistance profile for an electrical pulse induced resistance change device[J]. Appl Phys Lett, 2005, 87 (23): 233506.

[115] FUJII T, KAWASAKI M, SAWA A, et al. Electrical properties and colossal electroresistance of heteroepitaxial $SrRuO_3$/SrTi1-xNbxO_3 (0.0002 <= x <= 0.02) Schottky junctions[J]. Phys Rev B, 2007, 75(16): 165101.

[116] SAWA A, FUJII T, KAWASAKI M, et al. Interface transport properties and resistance switching in perovskite-oxide heterojunctions[J]. Proceedings of SPIE, 2005, 59322C-C-8.

[117] CHANG W Y, LIN C A, HE J H, et al. Resistive switching behaviors of ZnO nanorod layers[J]. Appl Phys Lett, 2010, 96(24): 242109.

[118] NAGASHIMA K, YANAGIDA T, OKA K, et al. Resistive switching multistate Non-volatile memory effects in a single cobalt oxide nanowire/supporting information[J]. Nano Lett, 2010, 10(4): 1359-1363.

[119] LIANG K D, HUANG C H, LAI C C, et al. Single CuOx nanowire memristor: forming free resistive switching behavior[J]. ACS Appl Mater Interfaces, 2014, 6 (19): 16537-16544.

[120] BIYIKLI N, AYTUR O, KIMUKIN I, et al. Solar-blind AlGaN-based Schottky photodiodes with low noise and high detectivity[J]. Appl Phys Lett, 2002, 81 (17): 3272-3274.

[121] LEE M L, SHEU J K, LAI W C, et al. GaN Schottky barrier photodetectors with a low-temperature GaN cap layer[J]. Appl Phys Lett, 2003, 82(17): 2913.

[122] MONROY E. Wide-bandgap semiconductor ultraviolet photodetectors[J]. Semicond Sci Technol, 2003, 18(4): R33-R51.

[123] JOHNSON J C, KNUTSEN K P, YAN H, et al. Ultrafast carrier dynamics in single ZnO nanowire and nanoribbon lasers[J]. Nano Lett, 2004, 4: 197-204.

[124] HUANG M H, MAO S, FEICK H, et al. Room-Temperature Ultraviolet Nanowire Nanolasers[J]. Science, 2001, 292(5523): 1897-1899.

[125] CHANG P C, FAN Z Y, CHIEN C J, et al. High-performance ZnO nanowire field effect transistors[J]. Appl Phys Lett, 2006, 89(13): 133113.

[126] KIND H, YAN H, MESSER B, et al. Nanowire Ultraviolet Photodetectors and Optical Switches[J]. Adv Mater, 2002, 14(2): 158-160.

[127] HUANG M H, WU Y, FEICK H, et al. Catalytic Growth of Zinc Oxide Nanowires by Vapor Transport[J]. Adv Mater, 2001, 13(2): 113-116.

[128] YUAN G D, ZHANG W J, JIE J S, et al. p-Type ZnO Nanowire Arrays[J]. Nano Lett, 2008, 8(8): 2591-2597.

[129] WEI T Y, YEH P H, LU S Y, et al. Gigantic Enhancement in Sensitivity Using Schottky Contacted Nanowire Nanosensor[J]. J Am Chem Soc, 2009, 131: 17690-17695.

[130] SOCI C, ZHANG A, XIANG B, et al. ZnO Nanowire UV Photodetectors with High Internal Gain[J]. Nano Lett, 2007, 7(4): 1003-1009.

[131] HE J H, CHANG P H, CHEN C Y, et al. Electrical and optoelectronic characterization of a ZnO nanowire contacted by focused-ion-beam-deposited Pt[J]. Nanotechnology, 2009, 20(13): 135701.

[132] RAYCHAUDHURI S, DAYEH S A, WANG D, et al. Precise Semiconductor Nanowire Placement Through Dielectrophoresis[J]. Nano Lett, 2009, 9(6): 2260-2266.

[133] LAO C S, LIU J, GAO P, et al. ZnO Nanobelt/Nanowire Schottky Diodes Formed by Dielectrophoresis Alignment across Au Electrodes[J]. Nano Lett, 2006, 6(2): 263-266.

[134] NAM C Y, THAM D, FISCHER J E. Disorder Effects in Focused-Ion-Beam-Deposited Pt Contacts on GaN Nanowires[J]. Nano Lett, 2005, 5(10): 2029-2033.

[135] DONG L, BUSH J, CHIRAYOS V, et al. Dielectrophoretically Controlled Fabrication of Single-Crystal Nickel Silicide Nanowire Interconnects[J]. Nano Lett, 2005, 5(10): 2112-2115.

[136] ZHANG Z Y, JIN C H, LIANG X L, et al. Current-voltage characteristics and parameter retrieval of semiconducting nanowires[J]. Appl Phys Lett, 2006, 88(7): 073102.

[137] ZHANG Z, YAO K, LIU Y, et al. Quantitative Analysis of Current-Voltage Characteristics of Semiconducting Nanowires: Decoupling of Contact Effects[J]. Adv Funct Mater, 2007, 17(14): 2478-2489.

[138] ALLEN M W, DURBIN S M. Influence of oxygen vacancies on Schottky contacts to ZnO[J]. Appl Phys Lett, 2008, 92(12): 122110.

[139] ALLEN M W, DURBIN S M, METSON J B. Silver oxide Schottky contacts on n-type ZnO[J]. Appl Phys Lett, 2007, 91(5): 053512.

[140] ALLEN M W, MENDELSBERG R J, REEVES R J, et al. Oxidized noble metal Schottky contacts to n-type ZnO[J]. Appl Phys Lett, 2009, 94(10): 103508.

[141] ALLEN M W, MILLER P, REEVES R J, et al. Influence of spontaneous polarization on the electrical and optical properties of bulk, single crystal ZnO[J]. Appl Phys Lett, 2007, 90(6): 062104.

[142] VON WENCKSTERN H, SCHMIDT H, GRUNDMANN M, et al. Defects in hydrothermally grown bulk ZnO[J]. Appl Phys Lett, 2007, 91(2): 022913.

[143] LANY S, ZUNGER A. Assessment of correction methods for the band-gap problem and for finite-size effects in supercell defect calculations: Case studies for ZnO and GaAs[J]. Phys Rev B, 2008, 78(23): 235104.

[144] LANY S, ZUNGER A. Dopability, Intrinsic Conductivity, and Nonstoichiometry of Transparent Conducting Oxides[J]. Phys Rev Lett, 2007, 98(4): 045501.

[145] LANY S, ZUNGER A. Anion vacancies as a source of persistent photoconductivity in Ⅱ-Ⅵ and chalcopyrite semiconductors[J]. Phys Rev B, 2005, 72(3): 035215.

[146] SZE S M, NG K K. Physics of Semiconductor Devices[M]. 3rd ed. New York: Wiley, 2006.

[147] BANG J, CHANG K J. Diffusion and thermal stability of hydrogen in ZnO[J]. Appl Phys Lett, 2008, 92(13): 132109.

[148] TUOMISTO F, SAARINEN K, LOOK D C, et al. Introduction and recovery of point defects in electron-irradiated ZnO[J]. Phys Rev B, 2005, 72(8): 085206.